U0422422

［英］泰瑞·德里 著　［英］马丁·布朗 绘

可怕的科学
妙趣科学课

绝密的圣诞报告
JUEMI DE SHENGDAN BAOGAO

刘莹 译

接力出版社
Publishing House

桂图登字：20-2011-254

Horrible Christmas
Text © Terry Deary 2000, Illustrations © Martin Brown 2000
The original edition is published by Scholastic Ltd.
Simplified Chinese edition © Jieli Publishing House
All rights reserved

图书在版编目（CIP）数据

绝密的圣诞报告 ／（英）德里著；（英）布朗绘；刘莹译．—南宁：接力出版社，2013.7

（可怕的科学．妙趣科学课）

书名原文：Horrible christmas

ISBN 978-7-5448-3017-1

Ⅰ．①绝… Ⅱ．①德…②布…③刘… Ⅲ．①宇宙-少儿读物 Ⅳ．①P159-49

中国版本图书馆CIP数据核字（2013）第124549号

责任编辑：李建霞　　美术编辑：朱　琳　　责任校对：张琦锋
责任监印：刘　元　　版权联络：董秋香　　媒介主理：刘　平
社　长：黄　俭　　总编辑：白　冰
出版发行：接力出版社　　社址：广西南宁市园湖南路9号　　邮编：530022
电话：010-65546561（发行部）　传真：010-65545210（发行部）
http://www.jielibj.com　　E-mail:jieli@jielibook.com
经销：新华书店　　印制：北京尚唐印刷包装有限公司
开本：787毫米×1000毫米　1/16　印张：6.25　字数：85千字
版次：2013年7月第1版　　印次：2014年3月第2次印刷
印数：15 001—25 000册　　定价：24.80元

版权所有　侵权必究
质量服务承诺：如发现缺页、错页、倒装等印装质量问题，可直接向本社调换。
服务电话：010-65545440　0771-5863291

目 录

引言 /5

圣诞颂歌 /7

圣诞历史 /12

圣诞爆竹 /15

圣诞婴儿 /17

疯狂的数据 /23

恶心的食物 /25

凶残的故事 /35

糟糕的圣诞节 /39

傻气的圣诞老人 /44

圣诞人物 /51

圣诞娱乐 /57

圣诞测试 /63

圣诞贺卡 /67

圣诞布丁 /70

古怪的圣诞习俗 /77

圣诞"第一" /86

圣诞节之前的骑士 /90

圣诞节的未来 /96

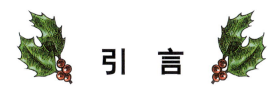

引 言

在查尔斯·狄更斯的著作《圣诞颂歌》一书中,可爱的斯克鲁奇先生如是说道……

呸!真是鬼话!什么圣诞快乐?管他什么圣诞快乐!对于你来说,圣诞节只是一个没钱付账单的日子,一个老了一岁却依旧穷困潦倒的日子。

当然了,他说得没错。都到今年的圣诞节了,还有很多人没付清去年圣诞节欠下的账单!364天背着欠债,只换来一天的烤火鸡和皱巴巴的布丁。呸!真是鬼话!

那些整天把"圣诞快乐"挂在嘴边的傻瓜,都应该跟他们的布丁一起被放进锅里煮……

迷人的斯克鲁奇是怎么回答的?很简单。你大概会想领教领教……

找到一口足够大的锅,再把"傻瓜"放进锅里煮,可能有点儿棘手。在布丁锅里煮傻瓜的麻烦就在于,这么做会破坏布丁的味道。不要紧,等圣诞节傻瓜被煮死之后,斯克鲁奇先生会告诉你该怎么做……

应该拿一枝冬青插穿他的心脏,再把他埋了。一定要这么办!

说来可惜,尽管斯克鲁奇先生说话刻薄,但他原本是个善良而慷慨的中年大叔。他是后来才转了性子!

但有些明智的人会愿意把老斯克鲁奇的精神传承下来。他们会把所有的布丁都丢到火里去,再把烧剩下的东西粘到布丁厨师的鼻子上。他们会把那些糟糕的礼物全部扔进深坑里,再在上面盖上驯鹿的粪便……

这样的人需要一些真正的好理由,好让他们冷静地对待圣诞节。他们需要的是一本书,里面写满了在这场节日闹剧里所能找到的最为有趣的东西。这样的话,当下一次再有人祝他们"圣诞快乐"的时候,他们就能拿出和这个节日有关的荒唐又可怕的各种东西,像塞火鸡那样,狠狠地轰炸对方!

作为21世纪的新一代斯克鲁奇,他们需要了解圣诞节的绝密报告。那下面就是了……

多谢了!……呸!真是鬼话!

圣诞颂歌

你厌烦了被唱颂歌的人打扰吗？——那些呱呱叫的老乌鸦，或者是乞讨的小鬼？你要怎么说才能让他们闭嘴？

仁君温瑟拉往外看……[①]

"其实温瑟拉是一位公爵，并不是国王。波西米亚的温瑟拉一世之所以出名，并不是因为帮助那些年纪很大、没法自己动手的老人砍柴。那只是为了配合14世纪流传下来的一首老曲子，而在19世纪编造出来的故事。"

公元929年，温瑟拉在波西米亚传教。这让其妈妈和兄弟很是困扰，因为他们老是在教堂门口碰到温瑟拉，于是他们把温瑟拉大卸八块。温瑟拉只活到了22岁。在此事之后，他并没能为过冬收集多少木材。

于马槽中降生，圣婴没有婴儿床……[②]

"约瑟一家在迁移途中找不到住处，不得不住在马厩里，随后，耶稣在马厩中降生。"

---

① 出自歌曲《Good King Wenceslas》，讲述温瑟拉不畏严寒在圣史蒂芬日救济穷人的故事。
② 出自歌曲《Away In A Manger》，讲述耶稣降生的故事。

至少，这是爱尔兰修道士杰罗姆·奥康纳神父的推断。他可是世界顶尖的圣经考古学家。另外，根据圣经中圣马太的故事，耶稣降生在一所房子里。

听，天使们在高声唱……①

"当耶稣降生时，并没有天使围绕在他身旁歌唱。记者们是用希腊语写的新闻，说那里有'angelos'……但这个词在希腊语中的意思并不是'天使'，而是'信使'。"

约瑟和马利亚的孩子降生时，那个地区有很多羊倌儿朋友在照看他们的羊群。"angelos"很有可能就是小孩子，他们冲着在山坡上的父亲大叫道："喂！爸爸！约瑟和马利亚的孩子出生了！是个男孩！"

还是杰罗姆·奥康纳神父说的。真是个聪明的小伙子，对不对？

东方三博士……②

"他们并不是'博士'，只是聪明人。再说了，你怎么知道有三个人？也许有十二个，或者更多！"

圣经上是这么写的：

> 耶稣诞生在犹太一个名叫伯利恒的小城，当时由希律王执掌政权。不久，几个占星学家从东方赶到了耶路撒冷，并且问道："那个生下来要做犹太人之王的孩子在哪里？我们看到象征着他的星星出现在东方，特地前来朝拜他。"

是的，没错，还提及了三种礼物……黄金、乳香和没药……正因如此，中世纪的画家才会画上三个贤者——每人一样礼物。

---

① 出自歌曲《Hark The Herald Angels Sing》，歌颂耶稣诞生之曲。
② 出自歌曲《We Three Kings》，讲述三位博士追寻耶稣的故事。

圣诞酒宴……①

"圣诞酒宴只是异教徒的借口,让讨厌的成年人有机会喝得烂醉如泥,跟圣诞节和耶稣诞生扯不上半点儿关系!"

圣诞酒就是加了肉豆蔻、蜂蜜和姜的麦芽酒。在圣诞节,当唱颂歌的人来到一户人家时,主人必须要为他们提供饮品。主人一定要说"Waes heal!"——就是古英语"祝你身体健康!"而唱颂歌的人就会回答"Drinc heal!"——"干杯,祝你身体健康!"

为了让圣诞酒更有嚼劲,主人会在酒上撒上小块的烤面包(toast)。人们会把装着圣诞酒的大碗传来传去;第一位客人会捞出一块面包,祝愿大家身体健康。(今天,我们和某个人"干杯"[drink a toast]就是由此得到了启发。)等每个客人都喝完之后,他们就会去下一户人家,讨要更多的酒来喝。圣诞酒宴?哈哈!

你圣诞了吗?

颂歌《平安夜》最初是由吉他演奏的。这首歌本来应该用奥地利一所教堂里的管风琴演奏,但管风琴必须依靠风箱来发声,而风箱又被老鼠咬坏了(估计这些老鼠是想要个平平安安的夜晚来睡场安稳觉),于是人们用吉他代替了管风琴。(还有另外一个故事,说是某个卑鄙的家伙故意弄坏了风箱,但老鼠的故事挺不错的。)

超酷的颂歌

假如你也想唱颂歌,那就用这些版本来助助兴吧……

> 在圣史蒂芬日那一天
> 仁君傻蛋不停往窗外看。
> 他被雪球打中了耳朵,
> 大声叫道:"我要报仇!"

---

① 出自歌曲《Here We come Awassailing》,欢唱圣诞酒宴之乐。

或者

> 我们是东方三博士，
> 一个打的士，一个坐汽车，
> 还有一个，骑着小摩托，
> 按响小喇叭，抽着大雪茄。

再或者

> 牧羊人趁着晚上洗袜子，
> 边洗边看ITV，
> 上帝的天使飞下来，
> 把频道转到了BBC。

你圣诞了吗？

唱颂歌的人之所以会敲你家的门，在你想看最爱的圣诞肥皂剧时打扰你，是因为他们曾经被禁止进入教堂！

"carol（颂歌）"这个词源自希腊语，意思是"围成圆圈唱歌跳舞"。在中世纪，唱颂歌的人让神父极为头痛，因为到了圣诞节那天，他们会在教堂里纵情歌舞。于是神父们宣布说，唱颂歌的人行的是魔鬼之事，并且把他们赶了出去。于是这些叽叽喳喳的饭桶就开始挨家挨户地乱窜……直到今时今日他们还这样。

倒胃口的歌

当然了,你也能唱上几首反圣诞歌曲,比如说这首在美国风行一时的歌,由兰迪·布鲁克斯在1977年创作……

奶奶被驯鹿踩了

在平安夜奶奶被驯鹿踩了,
因为她从我们这里步行回家。
你可以说圣诞老人并不存在,
但是我和爷爷还是选择相信。

圣诞节一早我们找到了袭击现场,
她的额头上有蹄子印,
圣诞老人的标记留在背上,
这是不可磨灭的罪证。

失去奶奶,圣诞节只能泡汤,
所有的家人都穿上黑衣。
我们忍不住地想,
应该打开她的礼物,还是物归原主?

我要警告所有的朋友和邻居,
请大家千万小心。
这个人驾着雪橇,又成天和小精灵厮混,
真不该领到许可证!

安息吧,奶奶。

圣诞历史

人们说圣诞节是"传统"——我们一直都这么过!但这并不是真的。告诉他们实情!

公元前6年:耶稣诞生了(可能吧),他出生之际,罗马人正在做人口调查,来统计他们的帝国有多少人口,是吧?罗马人每十四年才会做一次这种调查——所以他有可能出生于公元前20年,公元前6年,或者是公元8年。历史学家们更倾向于公元前6年。

公元313年:康斯坦丁成了第一位信仰基督教的罗马皇帝。罗马人本来就会在12月末进行狂欢,来庆祝白天又一次变长了。12月25日是太阳神的生日,所以派对奇多无比。一些基督徒就借用了这个派对日来为耶稣庆祝生日——即使这一天并不是他的生日。不过罗马人并不在意。他们还是有理由开怀畅饮。

公元440年:除了12月,人们也会在1月和3月来庆祝耶稣诞生。公元440年,罗马教会把日期定为12月25日。人们像享受罗马的太阳神生日一样享受圣诞节——大吃大喝,披着动物毛皮或者别的奇装异服手舞足蹈,教会对此很担忧。

1038年:"Cristes Maesse"被写进了撒克逊书籍中——这是迄今为止最早的有关"圣诞节"的书面记录。

1066年：圣诞节那天，威廉一世在威斯敏斯特教堂举行加冕仪式。贵族们在教堂里高声欢呼——外面的卫兵还以为发生了叛乱。于是他们发动了攻击，烧毁了当地的房子。这可不是一个快乐的圣诞节。

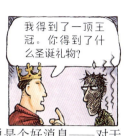

1519年：火鸡终于抵达了欧洲。对于圣诞节的老饕们来说是个好消息——对于火鸡们来说是个坏消息。

1541年：亨利八世的《非法游戏法案》禁止在圣诞节当天进行各种娱乐……除了射箭之外。因为英格兰男人时刻准备着走上战场，和法国人或者苏格兰人作战。因此，你不能玩胆小的网球游戏，但你能够用让人流血的弓箭来练习杀人！随着时间的流逝，人们多次恳求国王，想在圣诞节那天玩些喜欢玩的游戏，但绝大多数请求被驳回了。唯一获得允许的就是"蹦蹦跳跳"。

1647年：英国废止了圣诞节。奥利弗·克伦威尔和他的清教徒议会通过了一项法令禁止过圣诞节——12月25日变成了工作日，从1644年到1656年，每个圣诞节都召开了议会。圣诞节的教堂礼拜被武装士兵驱散了。商店老板深受其苦——如果他们休业，士兵就会强迫他们开门；而如果他们开门，暴徒又会逼着他们休业！伦敦的圣诞装饰品被市长扯下来烧掉了（很有可能是在夜间干的，因为他好像是夜班轮值市长）。圣诞布丁也被取缔了，谁都不准做布丁——只能从其他国家订购。不满的人们聚在一起集体请愿，并且说："要是不能过圣诞节，我们就会让国王重新登上宝座。"战斗性的圣诞节宣言！

1659年：在美国，清教徒领导人在某些州废止了圣诞节。在新英格兰的一个州，法律如是规定："不管是谁，凡是被抓到在这一天庆祝圣诞节，都应该缴纳五先令，作为罚款。"你可以用5先令买到一大堆东西！而其他的州，例如弗吉尼亚，并没有废止圣诞节，因此

那里的居民很有可能是最先在圣诞晚宴上吃火鸡的人。废止圣诞节的法律在1681年终止，但直到1836年，亚拉巴马州才决定把12月25日定为节日，随后全美国都效仿了他们。

1660年：圣诞节回到了英国。作家塞缪尔·佩皮斯说，他去了教堂，神父们正在抱怨，"人们召开了盛大的圣诞派对，忘记了那天是一个真正的宗教日。"情况并没有多大变化。

18世纪90年代：人们开始对圣诞节失去了兴趣，大家觉得这个节日有些傻，还有些过时。

1843年：查尔斯·狄更斯发表了《圣诞颂歌》，突然之间，维多利亚时代的英国人觉得过圣诞节是个很棒的主意。

1914年：第一次世界大战期间的第一届圣诞节和足球赛横空出世。德军和英军在战壕之间的冰原上相聚，还打了一场圣诞节足球友谊赛。两军在平安夜互唱颂歌，对着锡罐开枪来代替敌人。英国人用圣诞布丁交换桶装的德国啤酒。德国人在战壕里立起了圣诞树，还点上了蜡烛。双方士兵在战场中间相聚，互相交换了地址，承诺在战后给对方写信。将军们（大概他们更喜欢时髦的英式橄榄球和板球）说，如果士兵不停止踢球，并且赶快开枪作战，那他们就会挨枪子儿。

圣诞爆竹

爆竹男人

想知道是谁发明了圣诞爆竹吗？下面有个故事……

一个名叫汤姆·史密斯的小伙子在伦敦开了一家糖果店。汤姆售卖杏仁糖果，每块糖果都像法式糖果那样包着漂亮的糖纸。糖果的销量很好，汤姆注意到年轻小伙子们都会买这种糖果来送给心上人。于是他就在小纸片上印上"爱情箴言"，包在糖纸里面。

你知道那种东西啦，就是那些"我觉得你就像一品脱啤酒那么诱人"，或者"你愿意嫁给我，帮我做洗洗熨熨的活儿吗？"之类的东西。

1846年，汤姆想看看他能否在圣诞期间大赚一笔。为什么不在扭绞的糖纸里包上小玩具或者新奇的小礼品，来代替糖果呢？经过多次实验，汤姆想到了办法，做出了一种一拉就破的包装纸。把圣诞玩具包装在可以拉开的糖纸里取得了成功，但汤姆还是不满意。

一天晚上，他站在壁炉前，把圣诞用的木材踢进炉子里。木头噼啪一声，大量的火星飞溅出来，差点儿烧着他的裤子。

"就是这个了！"汤姆叫道，"我所需要的就是在糖纸里放进一种东西，在拉开时能发出'啪'的声音。"

他研究了几种化学药品，最后找出了一种安全又容易制造的配方，既能发出足够响亮的声音，让顾客觉得有趣，又不会把他们的裤子吓掉。

新型"爆竹"获得了巨大的成功，汤姆开设了工厂来生产爆竹，从此以后，他过上了幸福的生活。

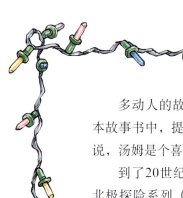

多动人的故事啊！这个故事是谁讲的？汤姆·史密斯！但在1841年出版的一本故事书中，提到了"爆竹"——比汤姆在历史里横插一脚的时间早了五年。这么说，汤姆是个喜欢撒撒小谎的人？谁知道呢？

到了20世纪之初，爆竹被装进了"主题"盒子里——有查理·卓别林系列，北极探险系列（里面很有可能装满了极地薄荷糖），飞机系列（也许还能飞过架子），电影系列（也许不能发出响声，因为那个时代都是无声电影），甚至还有闰年系列——女人能在这一年向男人求婚——里面装着戒指和假的结婚证书。

世界上最糟糕的笑话

我们应该感谢老汤姆发明了爆竹，除了一件事之外——他想到了把笑话放进爆竹里的点子。那可是有史以来最糟糕又闪烁其词的笑话！

下面是维多利亚时代的两个爆竹笑话……

问题：渔夫最喜欢什么乐器？
答案：木鱼！

问题：你会给耳聋的渔夫送什么礼物？
答案：海豚音！

（你们会发现这本书里到处都是这类笑话。这些笑话就跟用湿漉漉的腌鱼打在耳朵上一样有趣，不过出版商并没有为此指责我。）

圣诞节最残忍的事情是什么？
爆竹里有笑话！

圣诞婴儿

圣诞马厩

在很多学校、商店和城市中心都有马厩的模型，里面有约瑟、马利亚、东方三博士、牧羊人和他们的牲畜。但人们第一次模仿耶稣诞生场景时用的是活的动物……还有一个活生生的圣人，扮演了所有角色，除了小耶稣之外！

1223年，意大利的圣方济各想找个办法给当地人讲述圣诞的故事，于是他在山坡上的一个山洞里搭起马厩，又在里面放上活的动物和耶稣的木偶，他自己扮演牧羊人、圣人、天使等人。这是一场单人圣诞秀。

这场秀非常轰动，他不得不每个圣诞节都要登台演出。所以他决定引入第二个演员，来扮演其中一个角色。是哪一个角色呢？

a) 一只会说话的孤独羔羊　　　　b) 婴儿耶稣　　　　c) 马利亚

> 答案：b) 圣方济各用了一个真正的婴儿，当地一位睡眠很差的婴儿长大后，他们把这名婴儿留住，于是圣方济各在他的帮助下演了幕圣诞剧来激励他。

很多年后，意大利的那不勒斯国王亲自动手，为圣诞马厩制作了雕像，王后和宫廷女官为这些雕像穿衣打扮。在后来的几年，国王还花钱雇请著名的设计师和雕刻家来制作精彩的新人物形象。

渐渐地，这种习俗传到了其他国家——尤其是法国、西班牙、葡萄牙和德国南部。从圣方济各那个时代起，有些马厩就一直有些奇怪：

- 在慕尼黑，在圣诞时节的大雪之后，会搭建起雪筑的马厩。
- 在意大利的阿马尔菲城，有永久性的水下马厩，里面还有真人大小的雕像，按照耶稣诞生的场景摆放在海底。
- 1966年，在法国的一次马厩展览上，还搭建起了"太空马厩"。耶稣诞生的场景搭建在遥远的星球上，而东方三博士正乘着火箭往那边飞！

关于动物

说到马厩，有关动物的想法是从哪里来的呢？是从圣经里来的吗？不。圣经里的圣诞节故事并没有提到动物。这个想法起源于1200年前，在基督诞生之后，一首颂歌描述了这样的场景：驴子驮着马利亚来到了伯利恒，其他动物在马厩里照顾她和新生的婴儿。一头母牛把牛槽让给马利亚做床，把干草让给她做枕头，并且呵气温暖了刚刚出生的耶稣（你闻过母牛呼出的气吗？呃，太恶心了！这还真是个取暖睡觉的好办法啊！无论在什么时候，电热毯都是个更好的选择。不过，这头母牛还是很和善的，它肯定是有点儿饿了）。一只绵羊贡献出了它的毛当作毯子，还有几只鸽子在旁边咕咕叫，哄着小耶稣入睡。

那就是第一个圣诞节的夜晚。传说在那个夜晚，动物们和鸟儿们谈论着这个惊人的新闻。人们说它们用的是意大利语，当然了，因为那是教堂里用到的语言。

你们能判断出每种动物说的是哪种语言吗？（线索在它们的叫声里！）它们的交谈是这样的……

1. Christus natus est!（基督诞生了！）　　a）绵羊
2. Ubi?（在哪里？）　　　　　　　　　　b）小公鸡
3. Bethlehem.（伯利恒）　　　　　　　　c）公牛

答案：1.b Christus natus est！——咳咳——咳咳——咳！喔了吗？2.c 哦！3.a Bethlehem——咳咳！

据说从那时起，每个平安夜，牛棚里的牛都会在午夜钟声敲响的时候跪倒在地上，用人类的语言交谈，然而人类是听不到的。太可惜了，这本来应该挺好玩的。

蜜蜂聚集在蜂巢里，嗡嗡地哼唱第一百篇赞美诗——它们为什么要哼唱呢？也许是因为它们不知道词儿。但永远都别指望你能够听到！据说这是很不吉利的！

婴儿洗澡

一千多年来，画家们都描绘过耶稣诞生的场景。直到16世纪，不少画作还常常展示小耶稣第一次洗澡的场景。到了16世纪中期，神父们召开了会议，严禁创作耶稣洗澡的画作！为什么呢？

a）小耶稣没穿衣服，他们觉得这样有些无礼。

b）耶稣纯净无瑕、不染尘垢，不需要洗澡。

c）在耶稣诞生的时候，浴盆还没被发明出来，画这种东西也太没脑子了。

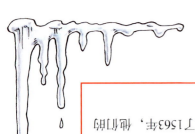

答案： b。这颗彗星叫作"哈雷彗星会议"，从1545年开始到了1563年，他们把这颗彗星看和长江2公里，烟尾水销。

圣诞之星

你可能听说过，一颗星星出现在伯利恒的天空中，指引着圣人们来到了耶稣降生的马厩。如果这个说法是真的，那可是个真正的奇迹——上帝创造了一颗星星，虽然还有一个更简单的办法，就是画一本地图，上面有个箭头指示："往这边走，小伙子们！"

天文学家们说，在基督诞生的时候并没有出现彗星。但如果他出生在公元前6年，有三颗大的行星——火星、木星和土星——距离很近，组成了三角形。这种情形应该是个很奇怪的征兆，足以让圣人们动身了。

你圣诞了吗？

在圣诞节出生让人有些难受——一年里就只有这天能拿到礼物了，你还得和全世界的人分享你的派对——但这能给你带来一个好处——有个古老的迷信说法……

在圣诞节出生的人看不到幽灵。

啊啊啊啊啊！

什么呀？

所以，在圣诞节出生的人能幸福地在墓地度过夜晚，还能美美地睡上一觉，当然了，蛆虫用力咀嚼尸体的声音除外。

葬礼乳香

你能理解三圣人为什么要给小耶稣带来金子了吧？但乳香和没药是什么东西？它们是非常珍稀的"树胶"，就像黄金一样珍贵；在那个时代，人们身上的味道都很难闻，这两样东西还能用来制作气味芳香怡人的香水。

罗马人在葬礼上会用到乳香。怎么用呢？

a) 他们在葬礼上把乳香跟尸体一起烧掉。
b) 他们给老朋友的尸体穿上熏过香的长袍。
c) 他们把乳香放在棺材里，认为这样死去的人就能拥有很多财富。

答案：a 尸体腐烂会散发出非常浓烈的气味，燃烧乳香能让葬礼显得更有尊严。

问题：有史以来最好的圣诞礼物是什么？
答案：一个破掉的鼓，因为这样你就没法敲了！

悼婴节

并不是每个人都对婴儿降生在伯利恒这件事感到高兴……

"他是注定要做国王的！"有些人兴高采烈地说。

"他不能当国王，"希律王说，"我才是国王！这个国家对于两个国王来说太小了。"

"那你要怎么办？"那些人问国王。

"身为国王，就必须要做国王该做的事。我要杀掉那个小鬼！"

"但你并不知道他长什么样子啊？"他的大臣提出了异议，"我们也没有他的照片，因为照相机还没发明呢。不管怎样，几天大的小鬼长得都差不多！"

希律王不怀好意地翻了个白眼（可能是这样吧），开口说道："那就来个大屠杀。把所有两岁以下的男婴统统抓起来！这样他就逃不出我们的手掌心了！"

当然了，约瑟和马利亚收拾行李，带着他们的孩子逃走了。但与此同时，大屠杀也开始了，许许多多无辜的婴儿送了命。因此，12月28日被称为"婴儿蒙难节"或者"悼婴节"。

应该让大人知道的事

在欧洲的某些地区，会选择一个男孩当主教来庆祝悼婴节。男孩和他的朋友们手握大权（如果你是城市里地位最高的小孩，你会做些什么？），并且会收获很多礼物。

这个习俗在17世纪被废止了——但或许你会想看到它再度流行起来吧。

千万不能让大人知道的事！

12月28日被人们视为不吉利的日子。几百年以来，没有人会在那一天结婚，也没有人会在那一天动土建房子。英格兰的爱德华四世甚至拒绝在那一天举行加冕仪式。

在18世纪中期，还有一个风俗被废止了：小孩子必须要在那天挨上一顿毒打，以提醒他们不要忘记希律王的残忍。恐怕某些大人（尤其是老师）会很高兴看到这个习俗又重新流行起来。最好不要告诉他们，你说是吗？

疯狂的数据

圣诞节是个大吃大喝、胡乱花钱的好时机。看看下面这些极品的圣诞事实，你能找出正确答案吗？

1. 把某些东西首尾相连地排列起来，能从伦敦塔排到埃及的金字塔。是什么东西呢？

a）我们在每个圣诞节吃掉的肉馅饼。

b）在圣诞节购物日从银行钱柜里取出的面值20英镑的钞票。

c）被砍掉作为圣诞树的枞树。

2. 人们在每个圣诞节都会额外增加158000吨重量，足以压沉不列颠群岛。这158000吨是什么东西呢？

a）金属箔

b）人类脂肪

c）圣诞派对薯片

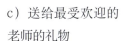

3. 有一样东西，英国人每年的购买数量达到了16亿。是什么东西呢？

a）圣诞卡

b）圣诞树彩灯

c）塑料雪橇

4. 每个圣诞节，英国人都会花费4.5亿英镑购买一种东西。是什么东西呢？

a）肉馅饼

b）巧克力

c）送给最受欢迎的老师的礼物

5. 有种东西在地球上出现的时间比人类早了900万年。是什么呢？

a）驯鹿

b）火鸡

c）圣诞小精灵

6. 把某些东西首尾相连地排列起来，能够绕着地球转4圈。是什么东西？

a）圣诞节包装纸。

b）在圣诞节那天用到的厕纸。

c）在商店里装扮成圣诞老人的老头子。

但是我想要个黄色的。

7. 在圣诞节，英国人民使用或消耗某种东西的数量达到了500万。是什么呢？

a）消化不良药片

b）洗澡

c）教堂里的座位

8. 把某些东西首尾相连地排列起来，能够排到月亮上。是什么呢？

a）我们为圣诞节购买的卷装胶带。

b）我们在每个圣诞节购买的圣诞布丁。

c）圣诞节晚餐上吃的抱子甘蓝。

答案：

1.b　总面值5000万英镑的20英镑钞票排起来长达2188英里——当然了，前提是它们不被风吹走。

2.b　圣诞节和节礼日的午餐会让每个人的体重平均增长2－3公斤，总计达到158000吨。至于金属箔，一个小工厂能生产出长度超过24000英里的这种东西，足够往澳大利亚跑上一个来回。

3.a　在最为繁忙的那几天，贺卡的数量达到了1.4亿张。要运送这么多贺卡，想象一下邮递员的麻袋该有多大吧！

4.b　尽情享受你的圣诞节巧克力吧，不用担心——还有价值数百万英镑的肉馅饼可以吃呢。

5.b　当然了，你可以这么想，是不是因为你太倒霉了，才弄到一只1000万岁那么老的火鸡，毕竟鸡肉会有些难嚼。

6.a　一种廉价的给爱人送礼物的方式——包装。包装纸会花费1.55亿英镑。

7.a　这不过是消化不良药片的一种流行方式。某些人甚至会在浴缸里吃药！

8.a　这些胶带连起来超过了240000英里——你很可能已经知道了。但是，谁会带着卷尺去月球测量距离呢？

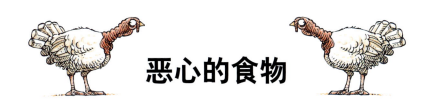

恶心的食物

人们喜欢在圣诞节胡吃海塞,这个时候你不妨跟他们说说过去的人们吃些什么东西,来破坏一下他们的食欲!

填馅火鸡

诺福克郡饲养了大量火鸡。然而,诺福克郡和那些需要火鸡的大城市都相隔甚远。那么,在19世纪早期,怎样才能把一只火鸡从诺福克郡弄到伦敦呢?那时并没有方便的铁路……而且,不管怎么说,火鸡也是买不起火车票的。再说了,连自行车、汽车和巴士也没有。火鸡要怎么去伦敦呢?

它们走过去!要走上100英里,耗时一个星期!

想象一下那种场景吧!在你登上极乐世界之前,不仅要被扭断脖子——还要把小短腿累断!

这些大鸟的爪子生来并不是用来进行这种长途跋涉的。农夫们只好用麻袋或者皮革为火鸡制作靴子。

鹅的情形同样悲惨,它们也面临着在圣诞时节去市场的长途跋涉。但鹅并不喜欢穿麻袋靴子,所以它们的脚会沾上柔软的沥青,而过段时间后,沥青就会变得很坚硬。

> 这不公平!你们有合爪的小皮套鞋穿,而我只能踩一脚黑乎乎的黏液。

维多利亚的馅料

等火鸡大军到达伦敦,就会有一只幸运鸡被挑选出来,作为维多利亚女王的晚餐。她会把火鸡裹上厚厚的油酥面团烘烤。但馅料就有些不同寻常了。另外三只禽鸟会被杀掉,去掉骨头:

先有一只山鹬被放进——野鸡肚子里——而野鸡会被放进——家鸡肚子里——家鸡再被放进——火鸡肚子里。

火鸡被切开后，它的肉就会有四种禽类的风味。

掏空的孔雀

一直以来，人们总是喜欢在圣诞节大餐上享用大型禽类。但直到克里斯·哥伦布在1492年发现美洲大陆后，火鸡才被发现（这种笨鸟只是站在原地，任由西班牙水手拿着棍子打它们的脑袋）。

所以在火鸡之前，圣诞节厨师只能使用孔雀和天鹅。但这些厨师真的是深谙中世纪的派对之道。他们并不只是把禽类烤一烤，然后装进盘子里。不！这道菜可是艺术品！想在今年圣诞节为你的餐桌增添点儿亮色吗？下面是做法：

- 小心地杀死孔雀，以免弄坏它的羽毛——扭断它的脖子比用电锯好。
- 用一把锋利的刀子（小鬼们，请一个大人来帮你完成这一步）完整地剥掉皮和羽毛。
- 把孔雀的内脏喂猫，做肉汁，或者用漂亮的包装纸包起来，送给你讨厌的人。
- 把孔雀放进烤箱里，烤到熟为止。
- 把烤熟的孔雀塞进剥下来的皮和羽毛里（扭弯的衣架有助于让孔雀脖子保持笔直状态），再放进大盘子里。在宴会开始前玩传孔雀的游戏，让每个人都有机会赞美厨师的手艺。

> **你圣诞了吗？**
>
> 为了让烤禽鸟看上去更加诱人，中世纪的厨师会把少量的藏红花放进黄油里烹调，再把这些混合物涂在禽鸟身上。等禽鸟烤好后，就会呈现出赏心悦目的金黄色泽。

杂碎馅饼

对于你这样的乡下人来说，下面可是一道豪华的圣诞大菜！勋爵和贵妇人们会猎捕小鹿，并在圣诞节大餐上食用鲜嫩多汁的鹿肉排。但"小鹿斑比"被宰杀后，剩下的部分被浪费掉就太可惜了。于是仆人们得到了鹿"杂碎"。

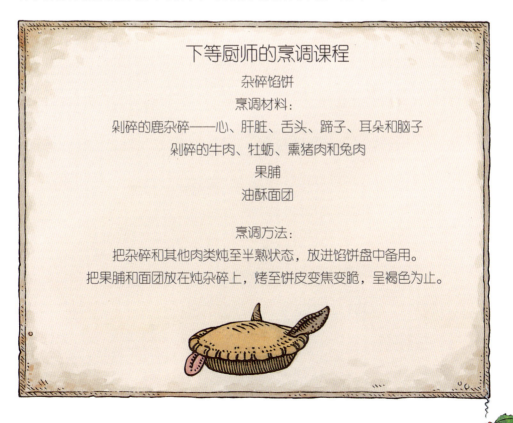

下等厨师的烹调课程

杂碎馅饼

烹调材料：

剁碎的鹿杂碎——心、肝脏、舌头、蹄子、耳朵和脑子

剁碎的牛肉、牡蛎、熏猪肉和兔肉

果脯

油酥面团

烹调方法：

把杂碎和其他肉类炖至半熟状态，放进馅饼盘中备用。

把果脯和面团放在炖杂碎上，烤至饼皮变焦变脆，呈褐色为止。

如果你穷困潦倒，必须要听别人的差遣，那在今天，别人就会说你"吃劣等馅饼"（忍气吞声的意思）。其实应该是吃"杂碎"馅饼才对——在你被迫和农夫一起吃鹿蹄子和脑子糊糊的时候。

野猪头

还有一个异教徒的习俗，直到17世纪，在英国和斯堪的纳维亚半岛一直都很流行。

抓一头野猪，把它杀掉，再砍掉它的头，烤熟后献祭给农业女神。在圣诞节这么做，女神就会保佑你来年有个好收成。

在最早一批以英文印刷出来的圣诞颂歌当中，有一首就叫作《野猪头颂歌》。这首颂歌被收录在一本1521年出版的书当中，作者是维凯恩·德·沃德（不，这么傻的名字可不是我编造出来的）。这首颂歌创作于一个牛津皇家学院的学生和野猪大战之后。

一天，有个学生在沙特欧瓦森林里散步，边走边埋头看着一本很有趣的书。突然之间，一头野猪冲出来，对他发起了攻击。

学生来不及拔出佩剑，就把书塞进了野猪的嘴巴里，结果野猪被呛死了。于是他砍下野猪的头，得意扬扬地带着战利品回到了学校。

在牛津皇家学院，野猪头的仪式还在延续，目的是纪念这种对抗巨兽的勇敢行为。现在的野猪头是把肉冻放进模具里压制而成的，由三个搬运工人抬着，前面有

号手和合唱团引路，演唱的歌曲就是《野猪头颂歌》。

有没有什么让你的大餐显得很寒酸？你爸爸的卷心菜皱巴巴的？你妈妈的土豆让你感到很丢脸？那就简单地供奉一头野猪吧！当然了，这种动物已经在英国绝种了。为什么？因为有太多的人为了圣诞习俗而砍掉它们的头！

☠ "另类历史"警告你 ☠

不要在圣诞节供奉历史老师的头！历史老师，可不是野猪。

给猪上色

野猪头煮熟并且填塞好馅料后，看起来太苍白了，为了制造出栩栩如生的视觉效果，厨师会把它涂黑。在烟熏火燎、油腻的厨房里，厨师会把什么东西擦在猪头上，来把它弄黑呢？

a）墨水
b）煤烟灰
c）黑胡椒

答案：b）厨师会把煤烟从烟囱里弄下来，涂在煮熟猪头上。呃，太恶心了！

主显节前夜蛋糕

主显节前夜（1月6日）就意味着圣诞节结束了，所有的装饰品都会被取下来——否则你就会倒霉。在过去，当天晚上会举行全年最棒的派对。人们会烘烤特制的蛋糕，在里面放上一颗豆子。如果你吃到了豆子，那你就是豆子国王或豆子女王——每个人都必须听你的吩咐！

坏消息是，蛋糕里还藏着别的东西：
- 如果你吃到了丁香，那你就是大坏蛋。
- 如果你吃到了小树枝，那你就是大笨蛋。
- 如果你吃到了碎布，那你就是不良少女。

主显节前夜馅饼

尝试一下这个主显节前夜关于馅饼的古老玩笑。

- 烤一个空的馅饼壳子。
- 在空壳底下掏个洞,往里面放几只活鸟。
- 邀请你的朋友们切馅饼。

当小鸟飞出来的时候,注意看着朋友们的脸——当然了,除非是切馅饼的刀子切到了一只小鸟。

在幼儿园里,老师会对你说:"切开馅饼,小鸟就开始唱歌。"但老师永远都不会告诉你,馅饼里也不会总是装着小鸟——里面有可能是任何东西。流行又逗趣的主显节前夜玩笑是在馅饼里装满青蛙。试试这个点子,看着你的朋友们被吓得屁滚尿流吧!

杰克的李子之真相

小小的杰克·霍纳
坐在角落里面,
吃起了圣诞馅饼;
他把拇指戳进去,
掏出一个李子,然后说:
"我干得真不赖!"

这首儿歌背后的真相是什么?实际上是个关于圣诞节的故事。

杰克·霍纳是个修道士,为格拉斯顿堡大修道院的院长工作。"亨利八世国王要拆掉修道院!"院长哀号道,"我们怎么才能阻止他?"

杰克抓了抓头顶上那块光秃秃的头皮,这是他特有的标志。"我们为什么不把这片土地献给他呢?这样我们就能留在这里照看土地。至少我们不会无家可归呀!"

"你太有才了,霍纳!好小子,我一直都很看好你!"院长点点头,"地契在我的书桌里头。修道院名下有十二个农场。我要把它们全都献出去!"

可爱的杰克又冒出来一个犀利的主意,"我会带着这些东西去汉普顿宫找亨利,不过在我到达目的地时,刚好过圣诞节,我们何不把这些东西作为圣诞礼物送给国王呢?"

"要怎么送呢?"

"把这些东西装进圣诞节的馅饼里!"

"太有才了,霍纳!"院长深表赞同,并且命令下去,烤了一个馅饼壳子。

杰克·霍纳带着十二个农场的地契动身了,他把馅饼送给了亨利八世。国王打开馅饼,拿出了十一份地契。他表示很满意。

但第十二份地契到哪里去了呢?我们相信,杰克·霍纳没有坐在黑暗的角落里,掏出对应最富饶的农场的那份地契。是"李子"园吗?

不,他当然这么做了!

以上就是这首儿歌背后的真实故事。这下你知道真相了吧?

肉馅饼

在中世纪,人们总是会为圣诞节准备一个大大的烤馅饼。但是,和今天的甜馅饼不同,厨师会把各种各样的碎肉和水果香料一起放进去烤。

这种馅饼的形状后来发生了改变,变得像是婴儿的摇篮,或者是耶稣宝宝的马槽。到了17世纪,厨师们在馅饼上面增加了油酥面团做成的"耶稣宝宝"。这让清教徒大为震惊,他们的首脑奥利弗·克伦威尔禁止人们制作耶稣宝宝形状的点心。

当然了,英国人民还是想吃肉馅饼,于是他们把馅饼做成了简单的圆形,正是我们现在吃的馅饼的样子。克伦威尔死后,清教徒在17世纪60年代失去了权力,但圣诞节馅饼并没有恢复成马槽形状。

到了维多利亚时代,肉馅被人们忽略了,但馅饼的名字还是保留了下来。

关于好运

地球人都知道,每个圣诞节都必须要留下一个肉馅饼,送给那个从你的烟囱里滑下来的大胖子——如果你不这么做,他就不会给你留下礼物。他肯定早就觉得反胃了,因为要在一个晚上吃掉成千上万的馅饼!在美国,人们给他预备的是牛奶和饼干——美国人民还是能够得到礼物!

但是,你知道有关肉馅饼的古老迷信习俗吗?

在圣诞节到来之前的12天,每天都吃一个肉馅饼,这会让你连交12个月的好运。不过有一个前提,就是你要在12座不同的房子里吃掉这12个馅饼。如果你没有12个朋友,那你的运气就太差了——如果你的运气差,就不能拥有12个月的好运气,所以说你还是会被幸运女神拒之门外。还真难搞呀。

每年的圣诞节,当你第一次吃肉馅饼时,可以在咬下第一口的那一刻许一个愿。别浪费了愿望!

关于厄运

小心了!假如你拒绝了别人给你的第一个馅饼,那你就要倒霉了。

狼吞虎咽

在18世纪,厨师们开始争先恐后地制作最豪华的馅饼。1770年,一位居住在伦敦的贵族把一个馅饼运出了北方城堡里的厨房。把这个菜谱给你们学校的厨师!他们需要:

- 4只鹅,2只火鸡,2只兔子,4只野鸭,2只山鹬,6只沙锥鸟,4只松鸡,2只麻鹬,7只黑画眉,6只鸽子,以及2条牛舌头。
- 油酥面团做成的饼皮周长达到了3米。

这个硕大无比的肉馅点心重量超过了75公斤,在烤制的时候用金属箍固定,以免它从烤箱里爆出来,弄伤厨师。

这个馅饼是怎么被端上圣诞节的餐桌的?它被装上了轮子!

圣诞大餐的乐事

每个国家的人都有他们最爱的圣诞节美食。出于某种原因,秘鲁人民最爱的是牛心,浸泡在香料和葡萄酒醋里,然后在明火上烤。

这道菜可能不合你的胃口。那就看看巴黎在1870年的圣诞节吧。

普鲁士军队包围了城市,截断了食物供应。高雅的"邻居"餐厅并没有屈服,他们提供了 顿让人永生难忘的圣诞大餐。

但你的城市被包围了,到哪里才能弄到肉呢?

三个地方:动物园,街道和下水道。

圣诞节之际,"邻居"为你奉上……

遭罪的小豆芽

当然了,有些孩子还是会喜欢装满了大象汤的大象鼻子。对于他们来说,羚羊肉酱真是好消息——他们会抓住时机跃向袋鼠肉。他们会嗅嗅烤老鼠,吞下肚子,整只猫也完全不在话下。但这些孩子绝对不会碰抱子甘蓝。

1857年,抱子甘蓝首次出现在书中。从此以后,它就成了圣诞节的"特殊犒赏",让孩子们深受其害。

这种蔬菜吃起来就像是流浪汉的鞋子。想要一个摆脱它的理由吗?那就用科学来迷惑你的父母吧。走到你的父母面前,对他们说:"对不起,亲爱的爸爸妈妈,我喜欢抱子甘蓝泥,但我不能吃,因为我发现……"在下列令人作呕的选项当中,哪一个才是正确的?

a)科学证明,年轻人的身体无法分解抱子甘蓝里的绿色化学成分。小孩吃了太多的抱子甘蓝,就会变成绿色,样子就像是个迷了路的火星人。(如图Ⅰ)

b)抱子甘蓝里的化学成分会和胃里的细菌发生反应,产生硫化氢。这种气体刚好被用来制造臭气弹。假如一个人肚子里产生了这种气体,就只能排出臭气,让整个房间充满臭鸡蛋的味道。(如图Ⅱ)

c)抱子甘蓝吃起来有点儿苦,因为这种蔬菜利用苦味做化学武器。凡是吃了抱子甘蓝的昆虫都会觉得恶心……我也一样!(如图Ⅲ)

d)孩子的味蕾和大人不同,跟你们这些就要变成老家伙的人相比,我们会觉得抱子甘蓝更苦一些。(如图Ⅳ)

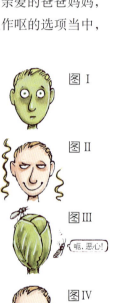

图Ⅰ

图Ⅱ

图Ⅲ

图Ⅳ

答案:bcd 都是正确的。你可以通过这一下,然后对你的父母说,"当科学家们认为这么做的时候,他们说的是对的!吃抱子甘蓝对你有好处。"

凶残的故事

坐到火炉边,让我们讲几个鬼故事听听,我找到了一个英格兰北部的传说,会让你汗毛倒竖,但据说是真人真事!

塞奇菲尔德的幽灵

事情发生在1972年的圣诞节,塞奇菲尔德所有的穷人都向着教区牧师家进发。他们拖曳着冻僵的双脚,穿过坑坑洼洼的田野,去牧师家交租。

汤姆有气无力地跟着爸爸一起赶路,像小孩一样抱怨道:"爸爸,还有多远啊?"

"闭上你的嘴,小心别让我掉下去!"他的农夫爸爸菲奇特咆哮道。

汤姆稳住独轮手推车,向着牧师家宏伟的大门走去。来到大门前的台阶后,他轻轻地放下了爸爸。一群农夫正愤愤不平地抱怨着,赛斯·萨姆普巴顿翻出空空如也的口袋,"他拿走了我的最后一个便士!本来我还想用这点儿钱买点儿冷粥,给我的家人过圣诞节!"

"啊呀呀,就是这么回事呀!"其他的农夫附和道。

农夫菲奇特摇了摇头,几只虱子掉落在冰冷的台阶上。"最好赶快了结这件事。"他叹息一声,走进了漆黑的门厅,汤姆跌跌撞撞地跟在他身后。"神父太吝啬了,都不舍得花钱买蜡烛来给我们照个亮。"他嘟囔着对儿子说。

父子两个摸索着走过走廊，来到了走廊尽头的黑橡木大门前。菲奇特敲了敲门。"进来吧！"一个女人的声音叫道。

汤姆眯起眼睛，本以为会像以前那样，被成堆的金银财宝发出的光芒晃花眼睛。然而，在门打开的时候，房间里一片漆黑……伴随着黑暗而来的还有一股难闻的臭味。

"农夫菲奇特？"女人问道。

"啊啊啊，是呀，夫人！"汤姆的爸爸含糊地回答道。

一丝光线从紧闭的窗帘后渗了出来，汤姆只能分辨出一个尖鼻子的女人。昏暗的房间里，牧师大人静静地坐在女人身旁，一语不发。"上午好，牧师！"汤姆欢快地说，"听我妈妈说，你病了有一阵子了。我希望你感觉好些了！"汤姆咳嗽了几声，刺鼻的臭味儿直冲他的鼻孔，让他流下了眼泪。

牧师没有回答。

女人的语气很严厉，"牧师是病了，但还没病到不能伸手朝你收钱的地步！菲奇特，你应该缴40基尼。"她说。

菲奇特把一袋钱扔到了桌子上，牧师的妻子抓起袋子，倒出里面的金币，飞快地点清了数目，"日安，农夫菲奇特。麻烦你在离开的时候关上门。"

汤姆和爸爸向门口走去。他深吸了一口走廊里带着霉味的空气。"儿子，我们身无分文了，在下一个集市日之前，我们都没钱可以花。"他的爸爸哀叹着说，"我原本还指望着这场病已经夺走了老牧师的性命。"最后这句话变成了咆哮。

"为什么，爸爸？"汤姆问道。

"如果牧师在圣诞节之前死掉了，我们就不用缴那40基尼了！那我们今天就会有李子布丁和新鲜的鸭子吃了！好了，推我回去吧，儿子。"

"刚刚我已经推你过来了呀。"汤姆温和地说。

"嗯,那就意味着你该把我推回去了!"

第二天是节礼日,一个消息传遍了整个塞奇菲尔德——牧师死掉了!"可惜晚了一天!"大家抱怨道。

当天晚上,农夫们来到村子里的公用绿地上,聚在小酒馆喝酒。当脸色灰白的医生走进来时,"他死了?"农夫菲奇特阴沉着脸问道。

医生点点头,"要我说,他至少死了有两个星期!"

"两个星期!但我昨天还看到他了,就是圣诞节那天!我们都看到了!"农夫叫嚷起来,赛斯凑了过来,惊奇地"啊"了一声。

"牧师的妻子想要你们的租金,"医生说,"她只能假装牧师还活着,直到她拿到自己想要的东西。"

"她没法把一具腐烂的尸体保存整整两个星期!"小酒馆的老板娘说(虽然她的绝大部分鸽子肉馅饼存放的时间都是两个星期的两倍)。

"所以她才把尸体浸泡在腌泡菜用的醋里。"医生解释道。

"就是那种味道!那种刺鼻的味道!"汤姆叫道,他太激动了,弄洒了手里的麦芽酒。

"我们去把钱要回来吧!"农夫菲奇特的叫声比他家的那头老公牛还要响亮。

"啊啊啊,是啊!"他的农夫朋友们叫道。医生企图告诉他们牧师的妻子乘6点钟的公共马车去了约克郡,但他们根本不听。他们向牧师家跑去。农夫菲奇特甚至都没等他的独轮小车。前方的天空变成了橙红色。农夫们停下脚步,扬起头凝望着熊熊燃烧的房子。

牧师的家几乎变成了一片火海。只有塔楼上的一扇窗户还是黑的。农夫们惊恐不已地抬起头来,看到一张散发着绿光的脸正俯视着他们。"是牧师!牧师被醋腌过,这幽灵也被腌了!"一个女人尖叫道。突然间,塔楼在火焰中爆炸了,倒在了四分五裂的房子残骸上。

从那可怕的一天起,浑身散发着绿光的幽灵就再也没有出现过。但只要你拉住塞奇菲尔德的本地人,问他们这个故事是不是真的,他们肯定会回答,"啊啊啊,是啊!"

堕落的收租人

圣诞节是"结账日"——那天农民得向土地所有者和地主缴租（就是因为这个，塞奇菲尔德的农民才会在圣诞节这天去牧师家里）。

下面还有一个让人震惊（但是真实）的故事，发生在英格兰北部。时间是1289年，地点在威尔，位于北约克郡的里士满附近。

那一年，国王的收租人会在圣诞节当天会见当地的牧师，并在当地过夜。问题在于，牧师违反了教堂的规则——他交了个女朋友。如果收租人知道这个女孩住在牧师家里，他就会把此事报告给国王。于是牧师把女孩藏进了金库。

女孩环视着金库，看到里面装满了收来的租金。很快，她就把鼓囊囊的提包从前面塞进了衣服里，这样她的裙子里就塞满了钱。"放我出去！"她大叫道，"我想撒尿！"

牧师一把她放出来，她就带着钱逃跑了。当然了，收租人发现钱不见了。牧师受到了责备，并且被解雇了。

糟糕的圣诞节

圣诞节是充满了欢乐和愉悦的日子——大家都是这么说的,但在过去,有些人却度过了一个恐怖的圣诞节。圣诞节真的就像其他日子一样残酷。看看上个世纪吧……

1917年:在加拿大,装满了炸药的"朗峰"号轮船被另一艘船撞上了,这场灾难在12月6日造成1635人死亡。

1924年:平安夜和英国最惨痛的空难有个约会。一架飞机在伦敦起飞,但没多过久就坠毁了,并且"设法"撞上了住宅区,造成8人死亡。在1952年的圣诞节,一架飞机在普瑞斯特维克的机场坠毁,造成28人死亡。更大的飞机就代表更多的死亡人数。这算是个进步。

1930年:孩子们挤在芝加哥的易洛魁剧院看舞剧。火灾发生时,有两百人死于烟雾,另外还有四百人被忙于逃命的人群踩踏致死。

1932年:在格拉斯哥,失业者举行了抗议大游行,并和警察发生了冲突,有十五个人因此受伤。游行者强烈反对一个古老的格拉斯哥传统,并把一个警察扔进了结冰的克莱德河里。

1940年:德国空军用烈性炸药轰炸了曼彻斯特,造成1005人死亡,这件事严重破坏了他们的圣诞节。

1952年:圣诞节期间,4000名伦敦人死于由"雾霾"(烟状雾)引发的呼吸障碍。烟雾来自为了欢度圣诞节而点燃的煤火。

1953年：新西兰的鲁阿佩胡火山爆发，岩浆堵塞了旺加胡河，河水冲垮了堤岸，冲毁了一座铁路桥，有趟从惠灵顿通往奥克兰的快车正好从桥上经过——这下多了150个受害者。

1972年：一场地震毁掉了尼加拉瓜的首都马那瓜。

1974年：一场名为特蕾西的飓风在圣诞节那天袭击了澳大利亚的北部——或者只是圣诞老人的雪橇从这里经过？房子七零八落，船只、飞机和火车全都被毁。这件圣诞节礼物花费了2.5亿澳元。

1989年：罗马尼亚总统和他的妻子被捕入狱。这一天，他们被绑在了圣诞节的椅子上，被圣诞节的子弹处决了。

1999年：再普通不过的快乐圣诞节。英国人和美国人收到警告，得知邮件中有恐怖分子的炸弹；印度的飞机被劫持，一位乘客受到枪击；而在英国南部，暴风雨吞没了民居，淹死了很多人。

2004年：密尔沃基（美国）的30个家庭被迫离开了家门，因为他们的公寓里有霉菌在释放有毒气体——恰好就像第一个圣诞节那样！并不是哪个特定的家庭和哪个笨蛋释放出了有毒气体！二百年过去了，情况并没多大变化。

在节礼日，一场海啸袭击了亚洲，造成了200000人死亡。

圣诞节的犯罪活动

圣诞节是最佳的犯罪时间。当然了，坏蛋必须要提防"枞树警察"——它们可是来自政治保安处！

1. 石头小偷。 1950年，在苏格兰，一伙人溜进了伦敦的威斯敏斯特教堂。他们要偷什么呢？一块大石头。那是一块非常特殊的石头，重达152公斤，被称为斯昆石。苏格兰历代国王都在这块石头上加冕，直到爱德华一世抢走了它。

2. 不公平的竞赛。 20世纪90年代，柏林的圣诞树推销员之间充满火药味。

一个推销员刊登了广告，价值25英镑的枞树仅售6英镑！这让其他推销员几乎失业，于是他们威胁说要杀掉竞争对手，登广告的推销员不得不请了个保镖。圣诞节的装饰品也同样很有杀伤力——旋转木马的刹闸松掉了，灯泡的保险丝烧断了，于是物主只能关门大吉，或者花上一大笔钱去修理。

3.枞树保护涂层。人们会偷盗圣诞树。某些人并不是从林场主人那里购买树木，而是走进枞树林里，砍倒一棵树。但树木成长起来是要花费金钱的——枞树并不是凭空长在那里的——如果你明白我是什么意思。在英格兰北部，达勒姆地方议会对本地林场里的盗树贼深感头痛。看门狗花费太高，而且很有可能对着树撒尿！那么他们是怎么阻止盗树贼的呢？他们往树上喷了一种恶心的东西，但对树木本身是没有害的。他们用了什么东西呢？从附近一个污水处理厂里弄来的人类粪便。呀，真恶心啊！

问题：圣诞节时，有人在商店里偷了日历，那他得到了什么？
答案：他得到了12个月！

傻气的圣诞老人

你会怎么称呼一个长期不刮脸,还在红衣服上镶着毛皮边的胖老头?圣尼古拉斯,圣诞老人或者耶诞老人。

下面这些关于圣诞老人的事情,大人们是不会告诉你的。

1. 真正的圣尼古拉斯生活在公元4世纪,是一个居住在米拉的富有主教(并不在土耳其境内)。据说,他很同情一个带着三个女儿的贫穷父亲。圣尼古拉斯是怎么做的呢?他走过女孩们的窗户,把几袋金子扔了进去!这个故事有可能是真实的——有些人说他把金子从烟囱里丢了下去,结果金子刚好滑进了女孩放在壁炉边烤的鞋子或者袜子里。就是因为这个,孩子们才会挂起袜子或者留下鞋子来迎接圣诞礼物!这样的话,你就能明白他为什么会变成一个分发礼物的圣人了,但他的节日其实是在12月6日。

2.在旧时的图画上,圣尼古拉斯站在三袋金子中间。但那些画画得很糟糕,袋子被错误地画成了一堆堆小孩子的脑袋!于是一个故事流传起来,说的是一个客栈的老板杀掉了很多小孩,并把他们泡在盐水里。(不要问我为什么!)后来圣尼古拉斯出现了,把这些小孩全都复活了。这百分之百不是真的,但圣尼古拉斯因此而成了孩子们的圣人。

3.20世纪50年代,法国的神父们宣称圣诞老人不是基督教的人物……所以他肯定是魔鬼那边的人(有道理)。他们燃起了篝火,把圣诞老人的雕像放在火上烧。1969年,教皇也认为圣尼古拉斯不是个伟大的圣人,但事实上,他变得比以前更受欢迎。

4.圣诞老人的到访并不总是那么有趣和激动人心。在荷兰,这甚至会是一件很恐怖的事情。问题就在于,荷兰的圣诞老人(拼写超级烂的荷兰小朋友称他为生蛋老仁)身边会跟着一个名叫黑皮特的小朋友。不受欢迎的皮特随身带着一条鞭子,他的工作就是抽打不乖的小朋友!生蛋老仁在12月5日大驾光临——这可是个好主意。这就表明他在最忙碌的那天晚上不用去荷兰了。当去美国的荷兰人带着生蛋老仁渡过大西洋的时候,他们丢下了可怜的黑皮特(极有可能是丢到海里了)。

5.圣诞老人赶路的速度很快,没人能看到他,但我们怎么会知道他穿着红色衣服和黑色靴子,还蓄着白胡子?1931年,可口可乐饮料公司需要一幅圣诞老人的画像来做圣诞节期间的广告。美国画家哈顿·桑德布罗姆创造了穿着红衣服的圣诞老人形象。也许哈顿遇见过圣诞老人……或者这全是他虚构出来的。也许圣诞老人完全不是这个样子!也许圣诞老人是个骨瘦如柴的女人,穿着蓝色连体工作服。我们是永远都不会知道的。

6.1999年,300个圣诞老人在柏林举行了大罢工。圣诞老人向来都是领兼职工的薪水——带着礼物造访别人家一次大约20英镑;在平安夜,他们能够赚到250英镑。但政府决定让圣诞老人缴税,这样他们的250英镑就会变得比200英镑还要少。

问题:圣诞老人用什么工具在花园里除草?
答案:驯鹿,哈——哈——哈!

7.在战争中,战士都认为圣诞老人和他们站在同一阵线是件好事。19世纪60年代,美国内战爆发,圣诞老人在画中的形象也改变了,美国佬的星条旗代替了他以往所穿的制服。圣诞节这天不是要祝所有人都拥有和平与美好吗?这到底是怎么回事?"和平与美好"这几个字写在雪地上,被圣诞老人践踏得不成样子——其中的含意很明显,祝所有人都拥有和平与美好——但敌人除外!

8.在17世纪,德国人做出了一个决定:幼年的耶稣应该在圣诞节受到尊崇。他们把上帝之子称为Christkindl——也就是幼年耶稣的德语。这个名字后来变成了Kriss Kringle(奇斯·克林格),成了圣诞老人的一个别称。于是德国人还试图让圣诞节这个词变成Christ(基督),但是失败了。

9.在美国的商店里,有很多顾客去看住在人工山洞里的圣诞老人,他们只能雇用十几个小伙子穿上打扮成圣诞老人的模样。有些圣诞老人在人工山洞里的行为很恶劣,于是商店经理不得不制定了规则,来约束这些讨厌的圣诞老人扮演者。下面就是其中的几条:

圣诞老人行为准则

- 必须穿着干净的袜子和内裤,以免身上有臭味。
- 为了保持口气清新,不准吃大蒜和烟叶。
- 不准殴打小孩和他们的家长,不管他们有多离谱。
- 必须清洁手指甲,修剪鼻毛。
- 遇到紧急情况(比如说一个孩子吐在了圣诞老人身上),要立刻召唤替补圣诞老人。
- 严禁骂人、喝酒,以及向家长收取小费。

10.意大利的圣诞礼物是由一个名叫贝法娜的老巫婆分发的。故事是这样的:东方三博士曾经在贝法娜家停留过,邀请她一起去看望刚刚降生的耶稣。但贝法娜在一场瘟疫中失去了孩子,一想到要去看望另一个孩子,她就难过得不能自已。后来这个傻女人改变了主意,跳上她的扫帚柄,在空中飞着追了过去。她永远都没有找到三个博士,但每当她经过乖孩子挂的长筒袜时,就会往里面塞满玩具和糖果。但对于你们这种顽皮的孩子来说就是坏消息了——当经过坏孩子挂的长筒袜时,她会往里面塞满煤块。(至少你不会冷了!)

愚蠢的圣诞老人故事

圣诞老人降落在一户人家的屋顶上,把原本待在那里的猫压扁了。圣诞老人敲敲门,对这家人的妈妈说:"对不起,我压死了你家的猫,能让我代替它吗?"

妈妈思考了一会儿,说:"我不知道……你擅长抓老鼠吗?"

汗流浃背的驯鹿

科学家计算出了圣诞老人在一夜之间如何递送这么多的礼物：

- 多达8.42亿座房子
- 重约20亿公斤的玩具
- 长达2.2亿英里的路程

坏消息就是，他巨大的雪橇（需要214200头驯鹿来拖）飞起来就像是颗流星。

你听说过流星吗？那些巨大的石头以极快的速度坠向地球，导致它们在空中燃烧成了一道光！圣诞老人的驯鹿（共有214200头）也会烧成这样。它们能坚持多久？大概二百五十分之一秒。然后它们会咝咝作响，并且散发出烤鹿肉的香气。

唯一能让圣诞老人完成这个任务的方法就是时间旅行。还没有人发明出时间机器——目前是这样。但如果圣诞老人在未来发明出来了，他就能穿越回来，确保你在下一个圣诞节拿到礼物！

圣诞老人四条腿的助手

鲁道夫并不是古老的故事里可爱的小鹿。它是在1939年为了一个广告被创造出来的。

罗伯特·梅在芝加哥的蒙哥马利·沃德百货公司的广告部工作。他想到了一个主意，为孩子们送上一种新颖的圣诞礼物——一首诗歌。诗里描述了一头圣诞老人的驯鹿，它长着闪闪发亮的红鼻子，帮助主人在一个又一个烟囱间找到了道路。

当然了，因为深红色的鼻头，这头可怜的小驯鹿在同伴们当中受尽了欺负和奚落。要是你拖着亮闪闪的鼻涕，也会被人奚落的！被人欺负了该怎么办？报告老师？动手还击，把欺负你的恶霸打上一顿？不！等待着大雾弥漫的夜晚降临，把每个人都安全送回家！想想看，红鼻子怎么能帮你在大雾中找到路呢？你的鼻子要像探照灯那样才行！一头驯鹿又能把电池藏在什么地方呢？

在鲁道夫诞生的第一个圣诞节，凡是有孩子去商店探访常驻在那里的圣诞老人，都会拿到一本名为《红鼻子驯鹿鲁道夫》小册子。有超过240万本的册子被免费赠送给了孩子。

1949年，罗伯特·梅的一个朋友约翰尼·马可决定把这首诗改编成歌曲。他和很多歌唱家接洽过，想为这首歌录音，但都没有成功。最后，一个名叫吉恩·奥特利的牛仔歌手同意演唱。结果这首歌的唱片冲上了流行歌曲榜榜首。紧随宾·克罗斯比的《白色圣诞节》之后，奥特利的《红鼻子驯鹿鲁道夫》始终都是最畅销的唱片之一！从这首歌首次发行起，共售出了超过300个版本的8000多万张唱片。

无论如何，驯鹿鲁道夫差点儿就不叫这个名字了。罗伯特·梅想到了另外两个名字，都被商店的经理否决了。在下面五个选项当中，哪两个名字差点儿成了鲁道夫的名字呢？看看你的家长能不能找出来。

a) 罗洛
b) 兰博
c) 兰坡
d) 雷金纳德
e) 林格

答案：a和d 你自己猜猜看。"红算子测唯一会动物"是无着的为错吧？

烟囱

圣诞老人为什么要不怕麻烦地从烟囱里挤下来呢？他完全可以把你的礼物倒在门口，敲敲门，驾着雪橇绝尘而去。

a）因为圣尼古拉斯是扫烟囱工人的守护神。

b）因为有个异教传说里讲过，有位女神会从烟囱里降临人世。

c）因为圣诞老人开始造访人们的家时，门还没有被发明出来，现在他习惯了从烟囱里下来。

答案：b 这位女神应该是德国的古老女神赫塔，在冬至来临期间，烟囱户户都会用树枝和其他蓬松物来装饰它，好让赫塔能在烟囱里休息一下。每家每户——这可简单随意得多了。人们会在炉边为她摆好吃的，还有小礼物，她看着她身边有儿童睡着了，对大人们发怒。

圣诞人物

圣史蒂芬

圣史蒂芬日是12月26日——这天被称为节礼日。圣史蒂芬是第一个因为宣讲耶稣而死的人。他的敌人强迫他靠在墙壁上，然后用石头砸他，直到他血肉模糊地死去。难怪他成了头痛的守护神！

民间流行着一个讨厌的传说：圣史蒂芬准备趁着狱卒熟睡的时候逃出监狱，但叽叽喳喳乱叫的鹪鹩吵醒了卫兵，于是圣史蒂芬被抓到了。因此就产生了一个迷人的爱尔兰习俗，在节礼日那天砸死鹪鹩，作为对这些乱叫的小鸟的惩罚。

杀死一只鹪鹩的男孩会把死鸟绑在棍子上，挨家挨户地去讨钱。他们会拔下一支象征着好运的羽毛，以此跟人们换钱。如果说还有比死鹪鹩更糟糕的东西，那就是被拔光毛的死鹪鹩了。这个习俗一直延续到了20世纪20年代。

圣阿纳斯塔西娅

现在你可能会认为圣诞节是圣尼古拉斯日，当然了，是因为圣尼古拉斯就是圣诞老人。但12月25日实际上是圣阿纳斯塔西娅日。年轻的阿纳斯塔西娅是一个罗马异教徒的妻子。因为照顾被关押在监狱里的基督徒，她也落了个身陷囹圄的下场。不用担心！死去的圣西奥多塔为阿纳斯塔西娅提供了食物（如果你能想象得到，这是个巧妙的花招）。随后，阿纳斯塔西娅又被放在了一艘船上，随波逐流，直到船只沉没为止。但还是不用担心！死去的圣西奥多塔引导着船只抵达了陆地！终于，阿纳斯塔西娅被五花大绑，推上了火刑柱。一堆木头堆在她身上，点着了火。（死去的圣西奥多塔肯定不精于使用灭火器。）

圣博尼费斯

别把他跟电影明星博尼费斯搞混了。他是中世纪一个强壮的英国修道士。

有一天，他在欧洲北部看到几个异教徒围着一棵橡树。"喂！"博尼费斯大声叫道,"你们想对那个孩子怎么样?"

异教徒对着魁梧的修道士冷笑几声,"这跟你有什么关系?我们碰巧要在这棵橡树下把孩子供奉给雷神托尔!切开他的喉咙,把鲜血洒在树根上!"

"哦,不,你们不能这么做!"博尼费斯低声说。

异教徒本来应该回答:"哦,我们当然会这么做了!"但在那个时候,舞台剧还没被发明出来。相反,他们说:"阻止我们的是什么人?"

博尼费斯鼓起他的二头肌,往树上打了一拳。橡树被打倒在地上。一棵枞树开始在原地生长。

咚!异教徒喘息着,用肮脏的膝盖跪倒在地上。

博尼费斯解释道:"这棵树在冬天也不会落叶,所以它是永恒的生命之树!如果你们放弃对异教的热爱,改去教堂,我们的耶稣就会赐予你们永恒的生命!"

异教徒改变了信仰,那个孩子得救了……从那时起,圣诞树就成了基督教的标志。

马丁·路德

有关于史上的第一棵圣诞树,还有另外一个故事。16世纪20年代的一天晚上,德国牧师马丁·路德从林间走过,枞树树枝间闪烁的星星让他惊叹不已。他砍下一棵小树带回了家,让家人欣赏上帝创造出的宇宙万物是多么美妙。当然了,孩子们说:"但是我们看不到星星呀,爸爸!因为我们在家里。"

哇哦!真美呀!

于是,不可思议的马丁在树上点满了蜡烛。"这下你们就能看到星星了吧?"他问。

"天哪,爸爸!我们能在每个圣诞节都有一棵这样的树吗?"孩子们恳求道。

就这样，在圣诞节要有一棵圣诞树的主意诞生了。（当你想到这个故事的时候，会觉得有点儿上当了——那些并不是星星。）

20世纪初期，用枞树做圣诞树的主意从德国传到了英国、斯堪的纳维亚和北美——这些都是新教徒国家。南欧国家的人都信奉天主教，那些教徒说："这种对树的崇拜太可怕了！你不能用一棵肮脏的枞树让我们就范，朋友！"

我觉得自己漂亮多了！

讨厌的事实

圣诞贺卡上，那些点着蜡烛的圣诞树可能显得很漂亮。但贺卡不能让你闻到蜡烛的气味！绝大多数人买不起上等的蜜蜡蜡烛，所以他们会用"油脂蜡烛"，通常都是用羊的脂肪做成的。这样一来，放置圣诞树的房间里就会充斥着羊脂燃烧的臭味！

问题：如果你把圣诞装饰品吞下去了，会得到什么？
答案：金属箔症！

瑞典的圣史蒂芬

瑞典的圣史蒂芬很喜欢马。他自己养着五匹马：两匹栗色马，两匹白马，还有一匹是花斑马。轮流骑着这些马，圣史蒂芬就能走完他漫长的布道旅程。

有一天，在一片偏远的森林里，几个人杀害了圣史蒂芬，并且抢走了他珍贵的马儿。

狡猾的恶棍把圣史蒂芬的尸体绑在了一匹小野马的背上。"那匹马会拼命跑，直到尸体在中途掉下去，"他们叫道，"这样就没人能找到尸体！"

神圣的圣诞节奇迹发生了，小马并没有冲进荒野，而是背着圣史蒂芬，徐徐地回到了他位于诺尔泰利耶的家。当然了，那些坏人被抓住了，并且被处以极刑。圣史蒂芬的墓地成了马儿们的圣地。

如果你的马病了，那就把它带到诺尔泰利耶吧，对它们进行古老的放血疗法。但还有更好的情况——就是别让你的马生病！

节礼日就是让你的马"大出血"的好日子。骑着你的马奔跑，让它大汗淋漓，再在马腿上割个口子，放出一些血。在节礼日采取这种疗法，还能驱逐出附在马身上的恶魔。

我觉得我可能给这匹马放血过量了。

圣托马斯

圣托马斯被看作是老人和孩子的守护神。在过去的日子里，每逢12月21日，也就是圣托马斯日，大家允许老人和孩子挨家挨户地讨钱，来为他们的圣诞晚餐购买食物。这个习俗被称为"托马斯"，还有别的说法，叫作"行乞"，或者"行善"！

一旦有人往募款箱里放钱，孩子们会回赠给他们一枝冬青或者槲寄生。正常情况下，圣托马斯日是学校假日，但如果非要去学校，孩子们就会在这天对老师进行各种捉弄。有时候，他们会把老师锁在学校外面，自己在校园里玩个不亦乐乎。

真是匪夷所思，如今的孩子们已忘记了捞钱和捉弄老师的古老习俗！

查尔斯·狄更斯

尽管难以想象，但在19世纪早期，圣诞节几乎被人们抛到了九霄云外。举个例子，《泰晤士报》在1790年至1835年间从来没有提及过圣诞节！人们觉得这个节日是一种又傻又落后的传统，不想为此花费精力。

查尔斯·狄更斯和他的《圣诞颂歌》对这种情况做出了前所未有的改变。斯克鲁奇、克拉奇蒂一家人和小蒂姆的故事，从维多利亚时代直到今天都很受欢迎。

下面是一个有关圣诞节的快速测试,专门给那些自认为读了很多书的聪明人……

1. 查尔斯·狄更斯花了多长时间来写《圣诞颂歌》?
a) 22年
b) 2年
c) 2个月

2. 这本书花了多长时间才获得了大众的青睐?
a) 一开始进程很缓慢,但在10年之内售罄。
b) 在起初就大获成功,一上市就售罄。
c) 在次年圣诞节(1844年)售罄。

3. 狄更斯是怎么评价他的这本书的?
a) "我略微有点儿吃惊,因为我这次写得要好多了。"
b) "我很吃惊,竟然没其他人想到这个主意,我是从一个古老的苏格兰故事中得到的灵感。"
c) "这是我所获得的最大成就。"

4. 狄更斯使用哪种手段靠这本书赚到了更多的钱?
a) 展开全国巡游,在公众场合朗读这本书。
b) 为这本书录音,售卖录音带。
c) 将这本书改编成舞台剧,亲自扮演斯克鲁奇这个角色。

5. 狄更斯的成功给他带来了怎样的影响?
a) 频繁的巡游和表演让他过劳而死。
b) 一个心怀妒忌的作家杀死了他。
c) 他变成了大富翁,他的妻子为了得到财产杀死了他。

6. 狄更斯的死对圣诞产业是一个巨大的打击,一个小女孩说了什么话?
a) "这是不是表示圣诞老人死掉了?"
b) "这是不是表示小蒂姆死掉了?"
c) "这是不是表示以后不会再有圣诞节了?"

这是一本"狄更斯小说"。

狄更斯的狄是怎么写出来的啊?

狄更斯的《狄更斯》是多么狄更斯啊!

答案:

1. c 他的写作速度很快,还用上了当时刚刚发明的钢笔。不过很有可能他最终更换鹅毛笔的速度比鹅长出羽毛的速度还要快!他在1843年的10月初开始撰写《圣诞颂歌》,在11月底就完成了。

2. b 这本书在1843年12月17日出版,很快就被抢售一空。共有6000本,以每本5先令的价格出售——在那个年代相当昂贵了。

3. c 狄更斯宣称说:"这本书是一个巨大的成功——我想,这是我能获得的最大成就!"好吧,如果连你自己都不能赞扬自己的工作,又有谁可以呢?也许你应该学会这句话,等交下一篇作品的时候说给你的老师听。

4. a 《圣诞颂歌》大受欢迎,于是人们邀请狄更斯公开朗读这本书。通过在朗读会上朗读这本书(还有几篇较长的其他小说),他在英国和美国吸引了很多观众。狄更斯靠着朗读赚到了跟写作一样多的钱。

5. a 朗读给他带来了巨大的压力,毫无疑问地加速了他的死亡。他在1870年6月9日与世长辞。据说他"死于名望"。

6. a 虽然查尔斯·狄更斯没有在故事中提及圣诞老人,但小女孩的评论显示出这位著名的作家对圣诞节有多么重要。

> 诅咒那个该死的狄更斯,但感谢上帝,幸好他发明了钢笔。

圣诞娱乐

电视上的那些所谓的圣诞节"特别节目"都没什么新意。圣诞节总是会有"特别"的娱乐让人们高兴。

舞台剧和莫里斯式的疯狂

圣诞节的戏剧最初是在中世纪上演的,演员们被称为"伶人"和"莫里斯舞"舞者。

这些人(在中世纪总是男人)会戴上面具,为村庄里的农民或者城堡里的上流人物跳舞。他们的某些戏服有点儿奇怪。比较知名的造型是他们会打扮成兔子,在空中挥舞着几条腿(嗯?),还有"绿人"(样子就像是一丛会走路的灌木丛)。如果是今天,他们在你家附近的大街上晃荡,极有可能会被逮捕!

我想要我的舞台剧

想在这个圣诞节试试舞台剧?到了圣诞节那天,你可以跟你的朋友一起在圣诞树前为你的家长表演下面这个戏剧。故事情节有点儿奇怪,里面混合了异教和基督教的宗教信仰。所有的演员都要用煤灰涂黑脸,出尽法宝制作戏服。

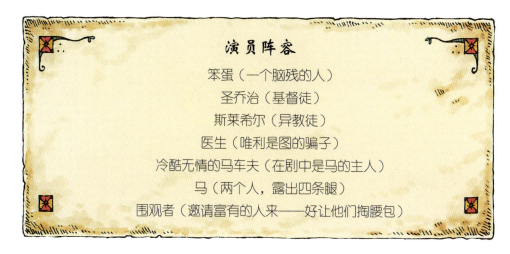

演员阵容

笨蛋(一个脑残的人)

圣乔治(基督徒)

斯莱希尔(异教徒)

医生(唯利是图的骗子)

冷酷无情的马车夫(在剧中是马的主人)

马(两个人,露出四条腿)

围观者(邀请富有的人来——好让他们掏腰包)

第一幕：
  笨蛋：祝你们圣诞快乐，我亲爱的朋友和邻居！哎呀，我们这里的观众是多么慷慨大方！
    （把帽子伸向观众，示意大家挨个儿往里面扔钱）
  圣乔治：圣乔治来也，我来自英格兰，赫赫大名传世界。我抽出沾满鲜血的武器，有谁胆敢反对我，我勇敢的手就会把他砍倒在地。
  围观者：万岁！
  斯莱希尔：我是个英勇的战士。博尔德·斯莱希尔是我的名字。我的剑挂在腰间，我想赢得这场比赛。一场战斗，一场和圣乔治的战斗，我会使出全力，看看谁会倒在地上死去。
  围观者：嘘！去去去！快滚下去吧，你这个讨厌鬼！
    （两个人展开了战斗，圣乔治被打倒在地）

第二幕：
  笨蛋：太可怕了！太可怕了！就像圣诞节的鹅那样死去！这里有医生吗？能治疗一下这个人的致命伤口吗？医生，医生！悬赏10英镑找医生！
    （把帽子伸向观众，示意大家挨个儿往里面扔钱）
  医生：我到底还是来了。你尽管打赌吧，说这绝对是个老庸医。我能治好唠叨鬼的牙疼。我先扯下他的脑袋，再把尸体扔进水沟，这样他的牙就不会疼了。好吧，10英镑是我能接受的范围。但我必须要先收上15英镑，才能让这位英雄解脱！
    （把帽子伸向观众，示意大家挨个儿往里面扔钱）
  我的马甲左边口袋里有个小瓶，药的名字叫作奥克姆·坡克姆。

拿去吧，乔治，拿上一点点，放进你廉价的小吃里。起来吧，小伙子，再次投入战斗！
（圣乔治站了起来）

圣乔治：各位在场的女士和先生，大家快看看，他彻底治愈了我，他治好了我的伤口，清理了我的血迹，还给了我有益健康的东西。
（把帽子伸向观众，示意大家挨个儿往里面扔钱）

马车夫：冷酷的马车夫来也，我是冲着5英镑钞票来的。
（把帽子伸向观众，示意大家挨个儿往里面扔钱）
我的马就绑在外面，它的大名早在国内传遍。它会在这个圣诞节为大家跳舞。你们只需要付上5英镑，来为这匹马买一大堆干草！
（马儿开始跳舞，然后把帽子伸向观众，示意大家挨个儿往里面扔钱）

众人：圣诞节来了，鹅也变得肥美。
如果你没有一个便士，半个也行；如果你没有半个便士，好吧，愿上帝保佑你。

这些乡村戏剧世世代代地流传了下去，直到第一次世界大战爆发，很多人的儿子倒在了战场上。不过仍然有几部戏剧坚持了下来，尽管没人赞成里面的台词。

宗教的魅力

"宗教"戏剧是另一种类型的圣诞娱乐——但它们并没有什么"神秘性"。这些戏剧是由镇上的工人负责演出的。（你应该注意到了，还是没有女人！）

他们在教堂的院子里表演耶稣的故事——直到人们开始践踏坟墓，于是神父把他们赶到了街上。

这些戏剧通常都是些蹩脚的喜剧故事。喜剧色彩来源于头脑简单的牧羊人——比如说汉肯、哈维和图迪，他们花费了大量的时间来争论上帝使者到底跟他们说了些什么。这几个愚蠢的牧羊人都是好心人，他们向幼年的耶稣献上了粗鄙的礼物。这些礼物分别是：

- 一个没有瓶塞的瓶子
- 一个杯子
- 一副手套
- 一个球
- 一把旧勺子

在宗教戏剧里，希律王是一个人人都痛恨的角色。孩子们全都被吓得魂不附体，尤其是他们看到婴儿大屠杀的时候。

- 希律王会咆哮、尖叫，呼哧呼哧地喘着气，绕着观众们跑来跑去。
- 剧中会用栩栩如生的假人，还有大量的假血。
- 希律王会被拖进一道地板上的活门，里面冒出很多烟雾，表示他下了地狱。
- 希律王痛苦的尖叫声会在舞台的地板下久久回荡。
- 天使们会飞降人间（身上系了钢丝）。

这听起来像不像是一台摩登的舞台剧？既有正面人物可以让你喝彩，也有反面人物可以让你发出嘘声。

舞剧的乐趣

在18世纪的法国，会上演盛大的舞蹈演出。杂耍艺人、魔术师和杂技演员也加入其中，然后他们就开始讲述童话故事——例如《森林里的孩子》《穿靴子的猫》或者是《睡美人》。舞剧也在那个时候诞生了。

1860年，《灰姑娘》问世，呈现在大家面前的还有胡说八道男爵和他的两个丑女儿：柯琳达和提斯柏。舞剧中还有Buttoni（波特尼），不是意大利细面条，而是一个角色，后来改为Buttons（波特斯）。

问题：为什么灰姑娘踢足球的技术很差？
答案：因为她老是从舞会上（ball，也就是球旁边）跑开！

1881年，《阿拉丁》也问世了，在那个时代，有很多轮船开往中国进行贸易活动，人们见识到了很多来自中国的有趣东西。但阿拉丁的妈妈，寡妇旺奇（Widow Twankey）这个名字是怎么来的呢？"Twankey"是什么意思？

a）在中国负责洗衣的仆人
b）第一批基督教传教士抵达的中国小镇镇名，圣诞节从那里传遍了整个国家
c）一种中国绿茶

答案：c。只有老天才知道，什么样的人发明了中国舞剧，从而搞出了这一个叫做寡妇旺奇的人！

讨厌的舞剧

在维多利亚时代，喜剧演员取代了演员的地位，被赋予了明星的地位。他们为观众带来有趣的歌曲和拙劣的笑话，直到今天还在流行。"他就在你后面！"和"哦，他不是！"之类的话在维多利亚风格的剧院里回响。

有一样东西从古老的舞剧中保留了下来，就是由两个人共同扮演的舞剧马。你在舞台上所能扮演的最低俗的东西就是舞剧动物的臀部。下面是一首欢快的小曲儿，写给那些骄傲地扮演了这个部分的演员。这首歌可能有些粗鲁——所以还是别念了——尤其是房间里有位修女的时候。

演员之歌

我想要登上舞台,
此刻的我野心勃勃。
穿上这身马裤,我就是流行之王,
就像大象屁股上的那个洞。

所有朋友都觉得我是个智者;
我在前座区发现了他们。
我对着后座区的女孩大送秋波,
透过大象屁股上的那个洞。

昨天晚上我有些倒霉;
经理说我很让人讨厌。
不巧我把脑袋卡住了,
就在大象屁股上的那个洞。

我的角色并不是很大,
也并不容易被人遗忘。
如果你想要找我,就过来看吧,
透过大象屁股上的那个洞。

鹅之舞

18世纪50年代,锡利群岛的年轻人会在圣诞节跳鹅之舞。但鹅之舞是什么东西呢?

a) 宰鹅的别名——他们边挥舞斧头,边在鹅群中跳舞。

b) 这些年轻人在跳舞的时候会把鹅绑在脑袋上,而鹅会拼命挣扎,坚持最久的人会获得奖品。

c) 这种舞蹈跟鹅没什么关系。在跳舞的时候,男人会穿上女装,而女人会穿上男装。

答案:c) 男人的脸上涂有颜料,衣衫一丝不挂一桃色,脚蹬一双又臭又长的靴袜。他们沿着家家户户走一整晚,而每户人家都会给他们酒喝。

圣诞测试

> 当然了,孩子们都喜欢圣诞节,因为不用上学,不用测验,也没有高考!就是因为这个,我才要举行一场考试,让他们老老实实地坐下来!

你有5分钟时间来看完下面这些事实,并回答"正确"或"错误"。

1. "Xmas"(圣诞节)中的"X"代表着耶稣受难的十字架。
   正确☐　　错误☐
2. 在中世纪,你可以在圣诞节带一只烤鹅回家享受。
   正确☐　　错误☐
3. 在圣诞树上放金属箔是因为它们和蜘蛛网很像。
   正确☐　　错误☐
4. 第一个圣诞节之后不久,人们就发明了圣诞布丁。
   正确☐　　错误☐
5. 每逢圣诞节,人们会把迷迭香扔在地上供大家踩踏!
   正确☐　　错误☐
6. 流行歌曲《铃儿响叮当》是特别为圣诞节而写的。
   正确☐　　错误☐
7. 圣诞老人在意大利逝世,也被埋葬在意大利。
   正确☐　　错误☐
8. 在美国,有个名叫圣诞老人的小镇。
   正确☐　　错误☐
9. 金属箔是作为圣诞装饰品被发明出来的。
   正确☐　　错误☐
10. 肯特郡沃尔默的鸭子每个圣诞节都会得到礼物。
    正确☐　　错误☐

答案：

1. 错误。在希腊语中，"Xristos"就是"基督"的意思，而早期的基督徒有很多都说希腊语。他们使用"X"来代替基督，因此"Xmas"就表示圣诞节了。随着时间的流逝，不说希腊语的基督徒忘记了"X"的含义，他们相信"X"有着古老的异教徒含义，并且觉得用"X"代表圣诞节是一种无礼的表现。但以前事实并不是这样，现在事实也不是这样。这下子你知道了！

2. 正确。教堂将烤鹅定价为7便士——这个价格比一天的工资还要高。你也可以花6便士买一只没有加工过的鹅。伊丽莎白一世曾经用鹅来庆祝她的海军击败了西班牙无敌舰队。她下令说，英国人民应该在每个圣诞节都吃烤鹅，以此纪念这场胜利。到了今天，你甚至都不能买一个外带的烤鹅汉堡包来表示庆祝了。

他变成星星了！

3. 正确。一个德国故事说，人们会在圣诞节允许动物进屋，因为耶稣出生在马厩里，四周环绕着动物。但家庭主妇把蜘蛛拒之门外，因为它们的网很讨人厌。（并不像牛粪和羊尿那么讨厌，但主妇们好像并不在意这两样！）总而言之，蜘蛛为此深感烦恼，并向耶稣求助。于是耶稣就让蜘蛛进入了屋子，它们看到圣诞树之后喜出望外，在树上结满了蜘蛛网。耶稣把蜘蛛网变成了金属箔，主妇们很是高兴。

4. 错误。远在基督徒创造圣诞节之前，信奉异教的德鲁伊教徒就讲述过杂果布丁的故事——牛奶麦粥。他们的丰收之神达格达把大地上所有的丰美食物混合进麦片粥，赐给了人类来庆祝冬季庆典。

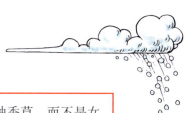

好闻的气味

农民的气味

5.正确。迷迭香是一种香草,而不是女孩的名字!这种植物的叶子压碎后能够释放出令人愉悦的气味,还能驱除恶灵。有民间故事说,当马利亚、约瑟和小耶稣逃进埃及之后,马利亚清洗了小耶稣的衣服,并把衣服晾在迷迭香树丛上,因此衣服沾染上了美妙的香气。

6.错误。这首歌写于1857年,名字叫作《我们坐在雪橇上》,是为美国的感恩节庆典而写的。这首歌两年后再度被公开发表,并命名为《铃儿响叮当》,成了人们最喜欢的圣诞歌曲。

7.正确。要是不相信,你可以去参观他的墓地。圣尼古拉斯在米拉逝世,但七百年后,几个意大利商人攻击了守护墓地的修道士,抢走了他的尸体。这些商人把尸体带到了意大利的巴里。他被埋葬在巴里,他的坟墓成了基督徒朝拜的圣地。

8.错误。有两个这样的小镇——分别在艾奥瓦州和印第安纳州——但都叫作圣诞老人。你下次去美国时,记得请人带你去圣诞老人镇。

9.错误。在16世纪,法国有种"秘密"方法制造金属箔(那时这种东西叫作金属薄片)。但在那时候,金属薄片并没有用在圣诞树上,而是作为战士制服上的装饰品。把铜线拉过很小的洞眼,直到铜线变得像人的头发那么细,再用沉重的滚筒压平,就变成了金属薄片。法国的金属薄片工人想要为他们的制造工艺保密,但很快,这项技术就流入了德国,德国人使用金属薄片作为圣诞树装饰品,也就是我们所说的金属箔。

10.正确。在平安夜为小公鸡提供额外的食物是一项古老的肯特郡习俗。这么一来,如果有幽灵出现,小公鸡就会叫得格外响亮,把幽灵吓走。人们会用面粉和脂肪特别烤制玉米束形状的蛋糕,用来喂给小公鸡。

这项习俗被一直保留到了今天,但沃尔默池塘里的鸭子取代了小公鸡,获得了享用蛋糕的权利。也许人们希望鸭子在幽灵到来的时候大声示警?还真是名副其实的圣诞节鸭子!

问题:圣诞老人在北极使用什么样的钞票?
答案:冰棒钞!

得分

- **10分** 你很有可能是个狡猾的圣诞节骗子,偷看了答案。你这样的人会跑去偷看父母藏在衣柜里的礼物。
- **7,8或者9分** 你这种小鬼极有可能会让同学们恨之入骨,因为你通常是班上的尖子生,还是老师的宠儿。
- **4,5或者6分** 你还能做得更好——你做完了所有的圣诞复习吗?
- **1,2或者3分** 你还真是个倒霉鬼。你这种人如果去看圣诞老人,会在半路上摔得跪倒在地上。
- **0分** 你太差劲了。这个分数还是很难拿到的!

圣诞贺卡

圣诞贺卡让印刷商、邮局和贺卡店赚到了不计其数的钱。下面是一位讨厌的老师写给学生的贺卡,但她情不自禁地想要"寓教于卡"!她抽出了一些词语,写在了贺卡最后面。你能把这些词填回原处,让句子变得通顺吗?

祝我所有的学生圣诞节快乐!

你们知道圣诞贺卡的起源吗?第一张圣诞贺卡诞生于1843年,是为一位名叫亨利(1)_____爵士的商人画的。亨利是一个慷慨大方的人,他为英国人民提供了第一座公共的(2)_____。

他请一位画家为他设计了(3)_____,并印制了一千张卡片。多余的卡片被印刷商卖掉了,但这些卡片并不是很受欢迎,因为卡片的正面是(4)_____的图画。

圣诞贺卡真正变得流行,是在一便士邮资制度(邮件无论远近均收一便士邮资)实行以后。最常见的图画是(5)_____,因为邮递员都穿着红色外套,所以这就变成了他们的绰号。(他们在(6)_____才不再穿红色衣服,因为红色表示(7)_____。

在美国,一个不幸的(8)_____试图限制每个人可以寄出的贺卡数量。他说他的员工都(9)_____。

到了现代,慈善圣诞贺卡风靡一时。第一张慈善贺卡是被一个17岁的女孩在(10)_____创作的。

爱你们,卓姆女士

缺失的词语:垃圾,图样,1861年,不堪重负,科尔,聚会场所,邮政局长,厕所,1949年,知更鸟

答案：(1) 软木；(2) 厕所；(3) 图样；(4) 著名场所；(5) 剑重为；(6) 1861年；(7) 玻璃；(8) 邮政局长；(9) 尤瑟重布；(10) 1949年。

你圣诞了吗？

创作出第一张圣诞贺卡的画家约翰·霍斯利（John Horsley），在后来因为其他事情而声名大噪——他开展了一场禁止画家使用裸体模特的运动！他说这样很丢人现眼，很可怕，也很野蛮。结果约翰·霍斯利得到了一个新的绰号——Clothes- Horsley（Clothes- Horse……Clothes- Horsley，就是衣架的意思啊，懂了吗？哦，随便你吧）。

疯狂的贺卡

维多利亚时代的人喜欢圣诞贺卡，就像是驯鹿喜欢圣诞布丁。他们爱死了贺卡，并且很快就想出了新的点子在圣诞节和朋友们幽上一默。

下面就是几个维多利亚时代的怪异贺卡创意：

● 一张5英镑钞票　● 一片熏肉　● 一颗拔掉的牙齿　● 一张行李标签
● 烤熟的老鼠！

我梦想着白色的圣诞节

圣诞节和雪。你能在圣诞贺卡上看到白色的东西——但这并不是圣诞节那天在你家外面出现的东西。维多利亚时代的人创造出了带雪的圣诞贺卡，从那以后，我们就再也无法摆脱它们了。维多利亚时代的人比我们拥有更多的白色圣诞节，因为他们生活的时代跨越了一个小冰河期。

但是，伦敦在20世纪度过了多少个白色圣诞节？

a) 2个
b) 7个
c) 13个

答案：a 只有两次（1938年和1970年）。

你圣诞了吗？

有种古老的英国迷信说法是这样的……

如果圣诞节那天天气晴朗，万里无云，那这一年就会有两个冬天。

太高兴了！一个晴朗的圣诞节会让你付出代价，迎来两个时期的超级坏天气。看看光明的一面——在这两个时期内，路况都会很差，让你没法去学校……或者是学校的暖气坏掉了，你无论如何都只能待在家里！所以说，有雪的圣诞节自然是好事，但晴朗的圣诞节就更棒了！

问题：假如你滑倒在泥坑里，那会有什么后果？
答案：你的屁股变软了！

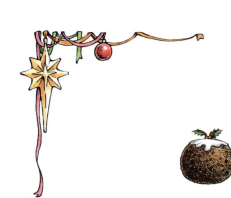

圣诞布丁

看看圣诞时节的超市货架吧,上面有各种各样的圣诞布丁,但很多布丁都自称为"传统"布丁。哈哈!把那些布丁统统打烂,扔到店员的脸上去。"好大一堆牛奶麦粥啊!"当他们把你抓走关起来的时候,你可以这样解释。

你想要真正的老式圣诞布丁吗?那就拿点儿麦片出来吧。

在中世纪,圣诞节的特别款待食品就是香喷喷的麦片粥——牛奶麦粥。(中世纪,想要做粥的人会用煮熟的小麦,但你可以用麦片。)

这才是传统的布丁。在斯堪的纳维亚的某些地区,这种牛奶麦粥依然是圣诞大餐的一个组成部分。呃,很恶心吧?

你可能会很乐意用这道乔治王朝时代的食品来填饱自己的肚子。这就是我们绝大多数人眼中的"传统":

国王乔治一世1714年的圣诞布丁

10个鸡蛋	1磅糖
1.5磅切碎的牛油	1磅面包屑
1磅干李子	一茶匙混合香料
1磅葡萄干	一茶匙磨碎的肉豆蔻
1磅杂果皮	半品脱牛奶
1磅红醋栗	半茶匙盐
1磅无核小葡萄干	一个柠檬榨出的柠檬汁
1磅面粉	一大杯白兰地

让混合物静置12个小时。然后煮8小时,在圣诞节当天再煮2小时。这种混合物可以做出9磅重的布丁。

乔治一世应该知道吧——他的绰号是什么?

a)大布丁脸
b)圣诞国王
c)布丁国王

答案:c。因为他肚胍又圆又胖丞术怕的无比。

但乔治的布丁配方对你来说太过丰盛了?你还是钟情于本地超级市场的"传统"布丁?

今天在超市买了圣诞布丁,下面是印在包装纸上的几种原料:

"原料:干鸡蛋,豆粉,均质牛奶,干杂果,焦糖色,味精,香料,防腐剂"

太美味了!你不是正好喜欢吃味精吗?

在都铎王朝时代，圣诞布丁就是把肉、燕麦和香料混合在一起煮。但如果你把这些原料放进锅里，它们就会散开，不是吗？那人们用什么东西来包裹布丁呢？当然是猪肠子了。布丁出锅的时候就像是一截圆滚滚的香肠，切开后配以野猪头食用。很好吃，对吗？

一百年后，圣诞布丁发生了变化。人们用西梅（也就是干李子）来做布丁，并且放在袋子里煮好，在肉食吃完后才端上餐桌。

下面是一个故事，讲述了水煮袋装混合布丁是如何发明出来的，但你没必要相信！

某个平安夜，一位英国国王迷失在密林深处，随身携带的食物也所剩无几了。他来到一个穷樵夫的小屋前，敲了敲门："亲爱的好心人，你能给我还有我的仆人提供食物和过夜的地方吗？"

"你是谁啊，胖子？"樵夫问道。

"我是你的国王，如果你不管好自己的嘴巴，我会让你的脑袋变成一道菜，端上圣诞节大餐的餐桌！"国王对樵夫说。

"哎呀！"樵夫说，"我只有一点点食物，陛下，阁下，圣上，国王大人。只是一些切碎的牛油、面粉、鸡蛋和一点点麦芽酒。"

"没关系，"国王的仆人说，"我们还有几个苹果、一些干李子、糖和白兰地。我们把这些东西混在一起吧。"

听起来很恶心！樵夫暗暗想道，但他没敢说出来。

结果他们得到了一大堆黏糊糊的混合物。樵夫把这些黏糊糊的东西用布包起来，煮好后端给了国王。"太不可思议了！"国王说。

"真好吃！"仆人附和道。

"谁相信哪。"樵夫说。

于是，圣诞水果布丁就这样诞生了！

唤醒星期天

一种古老的习俗认为,如果全家人轮流搅拌圣诞布丁,每个人都在搅拌的过程中默默许一个愿望,就会在来年交好运。人们习惯于在圣诞节前的一个星期天做布丁,所以这一天也叫作唤醒星期天。

为什么叫作唤醒星期天呢?嗯,在正常情况下,这个星期天是和圣安德鲁节挨得最近的一个星期天。至于"唤醒星期天"这个称呼的来历在于,关于这一天,祈祷书中如是写道:

"起来吧,我们祈求您,耶和华啊,这是您的信徒的愿望。"

布丁谜题

下面有个游戏,是给那些对圣诞节电视节目感到腻歪的人玩的。(没错,换句话说,是给所有人玩的!)

人们应该靠工作来换取布丁!

也许他们不应该吃布丁,除非是完成了圣诞测试!

这个游戏可供两个或两个以上的人玩。

看看你能答对几个问题。得分最高的人就是赢家,能够得到布丁作为奖赏(如果有两个或两个以上的人得到了最高分数,他们就只能分享了)。输家会得到惩罚,把白兰地忌廉汁倒在头上(但要事先在地上铺上报纸,用来保护地毯)。

问题:能够放进圣诞布丁里的最好东西是什么?
答案:你的牙齿!

布丁谜题

1.一项1551年的英国法律规定,人们必须要在圣诞节那天____去教堂?
a) 步行
b) 兴高采烈地
c) 循规蹈矩地

2.旧时美国费城的圣诞节戏剧演员(伶人)为什么要自称为"两街人"?
a) 因为他们来自城市中特定的两条街道。
b) 因为他们只在两条街道中表演,不去别的地方。
c) 因为他们来自本城的"第二街"。

3.美国的国家圣诞树在哪里?
a) 纽约的中央公园,有一千万人可以看到。
b) 加利福尼亚州的国王峡谷,大约有十人可以看到。
c) 阿拉斯加州,大约有十头北极熊可以看到。

4.维多利亚时代的邮递员绰号叫"知更鸟",因为他们都穿着红色制服。但他们的制服为什么是红色的?
a) 红衣服在雪地中非常显眼,这样他们就不会被驿站马车撞倒。

b) 因为英国的邮政系统是"皇家邮政",红色是皇室的颜色。

c) 如果他们被攻击和抢劫了,不容易被人看到血迹。

5. 维多利亚时代的鹅会是用来干什么的?

a) 鹅会是一块钉满钉子的木头,用来把鹅敲死。

b) 鹅会是一家"单身鹅"俱乐部,把没有结婚的鹅关在一起。

c) 鹅会是一家省钱俱乐部。

6. 夏洛克·福尔摩斯有一次名为"蓝宝石"的圣诞冒险。那块蓝宝石(钻石)是在哪里找到的?

a) 在一只即将成为圣诞节美食的鹅的肚子里

b) 在一个伪装成圣诞老人的窃贼的麻袋里

c) 在他的助手华生医生的烟斗里

7. 诗歌《平安夜》刚写出来的时候叫什么?

a)《鲁道夫来访》

b)《圣诞精灵来访》

c)《圣尼古拉斯来访》

8. 荷兰的圣诞老人打扮成主教,乘着什么坐骑在空中飞过?

a) 驯鹿

b) 马

c) 天使

海盗最喜欢的是哪个字母? —— R

答案：

1.a　这条法律一直沿用到今天。如果你骑着崭新的圣诞节自行车去教堂，就会获得处罚——很有可能是某些旧时的英式惩罚，比如说要坐着听完长达5个小时的布道，你的圣诞大餐会在这段时间内变得透心凉。

2.c　有20个俱乐部还是会在元旦那天聚集在第二街进行表演。他们不会演绎同一种戏剧，因为那样会很无聊。其中有喜剧演员（不会走来走去地朗诵剧本），弦乐队（会走来走去地演奏音乐，但没穿网眼背心），以及戏剧痴迷者（穿着夸张的化装舞会戏服）。

3.b　这棵树不是一棵被砍倒的枞树，而是一棵巨大的红杉，名字叫作格兰特将军树。它约有100米高。（希望树顶上的圣诞精灵没有恐高症！）圣诞树不一定非要是枞树。印度的基督徒会在圣诞节那天装饰香蕉树。

4.b　如果你是一只"知更鸟"，名字刚好也叫"知更鸟"，那肯定会昏头的！

5.c　每个星期省一点点钱，他们就有足够的钱在圣诞节那天买只鹅吃了。

6.a　想知道那只鹅是不是被鹅会杀死的？那只鹅是在死前还是死后吞掉了一颗蓝宝石？你只能亲自去读这个故事，找出答案。夏洛克放掉了那个贼，因为事发当天是圣诞节。

7.c　"平安夜降临的时刻，房子里从内到外——所有的动物都寂静无声，甚至是一只老鼠。"一个名叫克莱门特·摩尔小伙子写下这首诗歌，送给了家人和几位新朋友。一位朋友偷偷抄写了一份，寄给了《纽约时报》。这首诗被报纸刊出后变得家喻户晓。克莱门特有没有为此而付给那个朋友报酬呢？

8.b　万一那匹马是母马，那它铁定会做噩梦。明白我说的是什么意思吗？

古怪的圣诞习俗

说到圣诞习俗，我们能讲出几百个荒诞的故事。从不太讨人喜欢的冬青到卑鄙的槲寄生。这些故事很有意思。

圣诞树

我们为什么要有圣诞树呢？关于它的起源，其中一个故事是这么说的。德国的异教徒最早是装饰橡树的。当基督教传入德国后，这些异教徒还是想膜拜一棵树，于是牧师就建议用松树——这种树是三角形的，三个点代表着基督教的圣父、圣子和圣灵"三位一体"。

为了祈求好运，你应该用这些东西来装饰圣诞树：

- 蜘蛛和蜘蛛网（立陶宛——有个民间传说是这样的：一个贫穷的女人没有东西来装饰圣诞树，她的孩子在圣诞节的早上醒来，看到树上挂满了亮晶晶的蜘蛛网。）
- 稻草鸟笼（立陶宛——也许是给蜘蛛准备的，让它们结好网之后休息？）
- 上了色的蛋壳（捷克和斯洛伐克——我猜人们只是为了吃蛋黄吧。）
- 爆米花（美国——彩色饰带是用染上了漂亮颜色的爆米花做成的，再加上坚果和浆果，一起绑在绳子上，美极了。）
- 喇叭和铃铛（寓意可以发出声音，吓走恶灵。）

在树顶放上天使的主意也是为了吓走恶灵。但圣诞精灵有什么好处呢？能吓走小妖精吗？

问题：为什么说圣诞树就像差劲的裁缝？
答案：他们都不停地掉针！

危险的装饰品

1867年12月，美国人查尔斯·基尔霍夫发明了一种底部带有重物的烛台来帮助蜡烛保持直立状态。问题就在于，重物经常让蜡烛滑下树枝——这样是很危险的。这种发明并不是一个巨大的成功。

1879年，另一个名叫弗雷德里克·阿尔兹的美国人发明了一种带有弹簧夹的烛台，能够夹在树枝上。它的体积很小，底部带有杯状凹陷，可以接住熔化的蜡油。这种烛台很受大众欢迎，今天还可以在市面上买到。

维多利亚时代的人很聪明地把蜡烛做成了螺旋状。如果边缘光滑的蜡烛歪斜，蜡油就会淌到地板上。但螺旋状的蜡烛不会出现这种情况，因为蜡油会流进烛身上的凹槽里，不会滴到地上。

即使有了这么多发明，可怕的事故还是时有发生。一份美国报纸报道了发生在1887年12月25日的火灾，事发地点为新泽西州的马特拉文：

> 圣诞节对罗伯特·莫里斯先生家来说一直是个愉快的节日，直到今天晚上。莫里斯太太决定点亮圣诞树上的蜡烛。树就在房间的前面，她六岁的儿子弗兰克·莫里斯紧贴在妈妈身边，看着她依次用火柴点亮了一根根蜡烛。弗兰克变得不耐烦了，他抓住圣诞树的一根树枝，想要看看其中一根蜡烛有没有点亮，但他把树拽倒了。顷刻间，圣诞树就烧着了。倾倒的圣诞树点燃了房子，还有弗兰克的衣服。当事故被发现时，弗兰克的衣服已经燃起了大火，在努力之下，他身上的火被扑灭了。但还是来不及了。不管怎样……房子被烧毁了。造成了大约500美元的损失。

绝大部分人都会在树下放上一件特别礼物——一桶水！

你圣诞了吗?

在德国小镇奥伯拉梅尔高,人们会在墓地里插上圣诞树,并点起蜡烛,让尸体也能享受庆典的乐趣!

我们希望你过一个死寂的圣诞节……

圣诞木

信奉异教的凯尔特人相信,太阳在12月底会停留12天,白天会越来越短。假使他们点燃一块木头(圣诞木),让其在这12天内保持燃烧状态,太阳就会回来,白天也会越来越长。如果圣诞木中途熄灭了,他们就会遭遇厄运——恶灵会进入屋子,等灯光一熄灭,黑暗的力量就会吞噬他们。你或许还知道——

- 在维多利亚时代的英格兰,木头只需燃烧12个小时,而不是12天——这要容易得多。
- 在欧洲的其他国家,人们把仪式更加简化,只需要让一支红色蜡烛燃烧12天。
- 在德国,木头的灰烬会保留一整年,以保护房屋不被闪电击中——真是个雷人的想法。
- 在斯堪的纳维亚,人们相信死去的亲人会在每个平安夜回家,而圣诞木能够温暖他们的灵魂——他们甚至会在圣诞晚宴的餐桌上给幽灵奶奶或者幽灵爷爷留个空位置。这足以让你吃不下布丁了吧?

问题:球迷最喜欢哪一首圣诞颂歌?
答案:《你永远不会独行》!

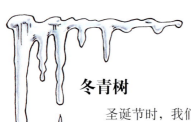

冬青树

圣诞节时,我们为什么要在房子四周和贺卡上放冬青树枝?人们给出了大量的诡异解释。你随便挑一个棘手(多刺)的解释吧:

1.有个古老的故事说,在耶稣诞生的马厩外面有棵冬青树。这丛饱经风霜的灌木上没有浆果,因为鸟儿把果实全都吃掉了。在基督降生的那一瞬间,树上生出了新芽,并在一夜之间开花结果!

2.一个民间传说给出了原因:耶稣出世后,牧羊人全都要去探望初生的婴儿,留下一只小羊羔无人照管。为了保护羊羔的安全,让它不受狼群的侵害,牧羊人把它放进了荆棘枝编成的围栏里。但孤零零的小羊羔很想跟着牧羊人,回到妈妈身边。它不顾一切地冲出了围栏,荆棘枝上的刺划开了它的喉咙。那是一个寒冷的夜晚,树枝的刺上挂了一滴滴凝固的鲜血,就是因为这个原因,冬青树上才长出了鲜红的浆果!

3.耶稣戴着荆棘编织成的王冠。冬青树有很多刺,在故事当中,红色的浆果就是耶稣的鲜血,因此你就得到了代表圣洁的冬青枝。

你圣诞了吗?

圣诞颂歌里常会唱到冬青树和常春藤,代表着男人和女人——坚强的冬青树代表男人,柔弱的常春藤代表女人。最先进入房子的那个在来年就是另一个的老大。照这个说法,如果冬青树先进家门口,那男人就是家里的头儿了。在12月24日前把冬青树或常春藤带进家里是不吉利的事情。知道这个习俗的人可不算多!

槲寄生的疯狂

在槲寄生下亲吻的习俗来自德鲁伊教众,那个时候耶稣还没生出来呢。

德鲁伊教众在12月底前后举行他们的中冬节庆典。作为一个真正的非基督教圣诞节,在德鲁伊教众的队伍中收集槲寄生……

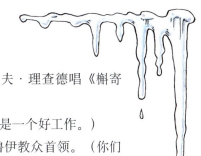

- 首先走来的是诗人部落。（如果找不到，那就请克里夫·理查德唱《槲寄生与酒》。）
- 接着是一位传令官——也就是信使。（也许对邮差来说是一个好工作。）
- 再接着就是身穿白色长袍、戴着金箍，腰系金链的德鲁伊教众首领。（你们当地的牧师也许会喜欢这个角色，因为他的教堂很有可能是空的。）
- 最后是几个农民。（那就是你们了！）

德鲁伊教众的首领会带着你们走进树林，来到神圣的橡树前面，用特制的金刀从橡树上砍下槲寄生。他必须要用披风接住槲寄生——绝对不能碰到地面。随后他会把槲寄生在你们几个农民之中传递，为你们祈祷。

这样有什么用呢？好吧，人们说，槲寄生是一种具有治愈力量的植物（除非是你吃掉了浆果，把自己弄得恶心反胃）。它甚至能够治愈一颗心。如果你在长着槲寄生的树下遇到了敌人，是不准动手打架的！

如果你把槲寄生带进了某人的家里，那他们就必须要给你提供住处和保护——当你被隔壁邻居家的罗特韦尔犬追着跑时，这一招倒很有用。

这些亲吻之类的传言是怎么来的呢？大概因为槲寄生是德鲁伊教徒结婚仪式上的一部分。不可否认的是，在北欧，槲寄生象征着爱情女神弗蕾亚。弗蕾亚的儿子被一支箭头上带着槲寄生的箭给杀死了，她的眼泪化作了白色的浆果。在儿子复活后，她站在长满槲寄生的树下，亲吻了每个走过的人。

任何站在槲寄生下的女孩都不能拒绝男子的亲吻——假如她拒绝了，小伙子们，那就背诵这首古老的诗歌：

但要小心了，女孩们！如果你站在槲寄生下，却没有人亲吻，那你这一年都别指望走桃花运！

有个迷信的说法，就是千万不要在12月24日之间把槲寄生带进家门，否则房子会在主显节前夜（1月6日）着火。

☠ "另类历史"警告你 ☠

记住了，咳嗽和亲吻会传播疾病。千万不要亲吻陌生人，除非他们拿着医生的便条，证明他们注射了所有的疫苗，能够对抗猪瘟、黑死病、疯牛病和"疯学校病"。

你圣诞了吗？

苏格兰有个新年习俗，就是男人要带着槲寄生回家。他必须要在新年时分第一个走进家门，手上拿着一块煤（到时要把煤点燃），一枚硬币（送给一位家庭成员）和一束槲寄生（放在壁炉架上）。

你也圣诞了吗？

有这样一个民间传说：耶稣被钉死在由槲寄生木做成的十字架上。在此之后，槲寄生树因为羞愧而变得十分细小。因此它从高大的树木变成了我们今天所看到的葡匋植物。这是一种愚昧的迷信说法，但很多教堂至今还是拒绝把槲寄生用作圣诞节装饰品。

漂亮的花环

花环一般都出现在葬礼上。但人们为什么要在圣诞节时把花环挂在门上呢？这又是一个来自斯堪的纳维亚的异教习俗。

用常青树的树枝绕着钢丝圈编织成环状，再把四根蜡烛插在上面，绕着圆环排列。蜡烛点燃后，让花环旋转，这样就形成了一个光圈——这是一个魔法符号，能够驱走冬日的黑暗。

基督徒沿用了花环的主意，他们在圣诞节前四周开始悬挂花环，每个星期日点燃一支蜡烛。

有趣的洋葱

你可以在家里试试下面这个圣诞习俗——只需要一个洋葱，一些盐和你的奶奶。这个习俗来自于瑞士，可以用来预测天气（如果你想知道什么时候可以去黑潭度假，这一招还是很实用的）。

1. 让奶奶在平安夜把洋葱切成两半，剥掉十二层——每层分别代表来年的每一个月。
2. 每一层都撒上盐。
3. 一定要在圣诞节的早上去看那些剥下来的洋葱。如果盐干掉了，那个月就会干燥少雨。如果盐是湿的，那个月就会雨水不断。很简单吧？

大钟

在电视机和收音机问世之前，人们靠教堂里的大钟来获得消息。刚刚打赢了一场战争？敲响大钟！新的国王戴上了王冠？敲响大钟！（在你想睡觉的时候，还真有点儿烦人。）

在斯堪的纳维亚，教堂里的大钟会在平安夜当天下午四点钟敲响，标志着圣诞节开始了，你不用上班了（有点儿像你们学校里的钟）。

在英国约克郡的迪斯伯里，有座教堂里的大钟每年的平安夜都会响起，钟声非常与众不同，它的节奏极为缓慢，就像是丧钟。

这是为什么呢？是谁在圣诞节逝世了，要人们以这种方式来纪念他？

a) 撒旦

b) 教区牧师（回溯到1762年，这位牧师想爬上钟楼敲响大钟，但从上面跌了下来，在墓碑石上摔破了脑袋。）

c) 牧师的女朋友（1762年，她在当时的圣诞戏剧中扮演马利亚。）

> **答案：** a 据经有神父这样说的，他摔死时，撒旦也就随着死了。所以这口钟叫作魔鬼的丧钟，在圣诞节的时候要为此钟敲响。当十点钟到来，所有的小孩都会出门倾听钟声，看看是否摔了一跤——撒旦也许蹒跚地走了。幸存一下这种事情的童话，采长大正准备为父亲买火柴的女孩脸上沾满了尘垢。此时你的课堂就要举棋不定了！

节礼日的礼盒不是盒子

问问你的老师，"请问，猴子脸先生/小姐，人们会在节礼日举行拳击赛吗？"

任何一个有经验的老师都会告诉你，在节礼日（12月26日）那天，主人们都赠给仆人圣诞节"礼盒"。但是，为了真正测试一下你的老师，再问一个问题：

"请问，猴子脸先生/小姐，圣诞节礼盒是用什么做成的？"让他们在如下三样东西中选择：

a) 木头

b) 硬纸板

c) 黏土

> **答案：** c 黏土。而且它们并没有像现在装子的形状。它们是中空的猪样上栋，顶上有一个小缝隙。（重像音乐盒罐。）

礼盒这种东西比基督徒本身更具有异教风味。这些黏土"盒子"是罗马人发明出来的，专门用来攒钱，为购买冬季庆典所需食物和酒水做准备。罗马不列颠时期的英国人借用了这个捞钱的好办法。

在节礼日那天，仆人会来到主人面前，向他们索要买礼物的钱。为了得到里面的钱，只能把这些"礼盒"摔破。乡下的仆人经常把这些礼盒称为"小猪"。

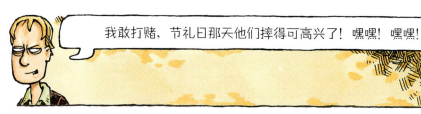

我敢打赌，节礼日那天他们摔得可高兴了！嘿嘿！嘿嘿！

教堂里的节礼日就是神父在教堂门口打开钱箱的时候（你就别指望免费去教堂了）。这些钱被用来帮助穷人和有需要的人——前提是他们运气够好。如果他们运气差，那钱就会被装进神父的口袋。节礼日曾经有另外一个名字，叫作捐赠日。

湿漉漉的圣诞酒

你住在农场吗？（或者你想让家里的一棵庭院树来年茁壮生长吗？）那就在主显节前夜试试这个古老的习俗吧，保证来年你能得到一树繁花。你需要：

- 麦芽酒
- 石头或者猎枪

现在走进花园，对每一棵树说：

苹果，梨子和上好的玉米，
每一个都要硕果累累，
尽情享受美味的蛋糕和热麦芽酒，
给大地奉上美酒，她就不会衰败。

喝上一口麦芽酒，再把剩下的洒在树根上。拿起石头，从树枝间扔过去。这一步，当然了，除了能够驱走依附在树上的恶灵，还能让那些家里有温室的邻居对你心生反感。

农夫还会把麦芽酒洒在玉米上，让其发芽（你也许想在你的玉米片上试试这个办法，但就不需要屏住呼吸等待它们成长了）。

在枪发明以后，人们就会用枪对着树枝开火，树枝的作用等同于石头。

圣诞"第一"

你也许会觉得我们每个圣诞节都会做些同样无聊的事,这种做法都延续了好几千年了。但千万不要相信!你无法想象某些圣诞节的"传统"有多新潮……还有在圣诞节有过多少首次发生的奇闻怪事。

1. 1841年,泰恩河上的盖茨黑德有了一个多彩的开端。是什么呢?
a) 积雪足足有两米深,人们过了一个白色的圣诞节。
b) 很多人最终变成了青紫色,人们过了一个青紫色的圣诞节。
c) 当地的一座砖砌建筑物爆炸了,砖头粉末笼罩了城镇,人们过了一个红色的圣诞节。

2. 1932年,国王乔治五世给英国公众带来了第一样什么东西?
a) 圣诞致辞。
b) 他在切姆斯福德打开的圣诞街灯。
c) 在白金汉宫里点燃的圣诞烟火。

3. 19世纪,夏洛特皇后在温莎给人们带来了一个著名的新开始,是什么呢?
a) 圣诞树。
b) 带有电灯的圣诞树。
c) 带有蛀虫的圣诞树。

4. 1880年,人们寄出了大量的圣诞贺卡,邮局对公众发出了一个恳求,内容是什么?
a) "提前投递圣诞节邮件。"
b) "不要浪费邮局的时间。不要邮寄贺卡。"
c) "自己投递圣诞贺卡,节省邮递员的体力。"

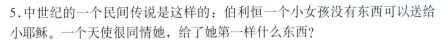

5. 中世纪的一个民间传说是这样的:伯利恒一个小女孩没有东西可以送给小耶稣。一个天使很同情她,给了她第一样什么东西?
   a) 天使的模型,用来放在圣诞树上。
   b) 圣诞包装纸,用来包裹住小耶稣,为他保暖。
   c) 圣诞玫瑰。

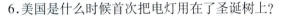

6. 美国是什么时候首次把电灯用在了圣诞树上?
   a) 1850年
   b) 1880年
   c) 1920年

7. 1914年,英国第一次迎来了来自德国的圣诞礼物。是什么东西呢?
   a) 第一只德国牧羊犬,作为送给女王的礼物。
   b) 第一次德国风疹,由一个身在苏格兰的威尔士男孩感染。
   c) 第一个德国炸弹。

8. 1841年,第一次提到了什么事情?
   a) 驯鹿拉着圣诞老人飞过天际。
   b) 圣诞爆竹。
   c) 圣诞派对上用的气球。

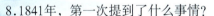

9. 1864年,一家俱乐部首次组织了一场让人发抖的娱乐活动,活动的内容是什么?
   a) 脱下衣服,跑到苏格兰的本尼维斯山顶上去。
   b) 脱下衣服,从温莎城堡的山坡上坐雪橇滑下来。
   c) 脱下衣服,在伦敦海德公园里的湖里游泳。

10. 1848年,《伦敦新闻画报》杂志印制了第一本多达16页的增刊。这是第一本什么?
    a) 圣诞特刊
    b) 圣诞笑话书
    c) 圣诞食谱书

答案：

1.b 圣诞老人把霍乱带给了盖茨黑德。受害者（到了节礼日那天超过40人）上吐下泻，直至痛苦地死去。尸体全都变成了青紫色。这种疾病一般是通过被污染的水源传播的。

2.a 乔治国王通过收音机向英国人民发表了圣诞致辞，因为那个时候电视还没有发明出来。他在桑德林汉姆庄园发表了讲话，但他说的不是自己的想法——他的讲稿是一位很受欢迎的诗人鲁德亚德·吉卜林写的一首诗歌！他说了什么？"圣诞节来临，我和我的妻子，希望你们吃上好吃的肉馅饼。"君主们仍然在用圣诞致辞烦扰着英国人民，但从1957年开始，他们也攻陷了电视——所以现在我们要被迫看着他们的脸了！

3.a 是的，这是英国的第一棵圣诞树——夏洛特很有可能是从她的家乡德国带来了这个主意，德国人在一千年前就有圣诞树了。她极有可能是这么对疯狂的乔治国王三世说的："我们要在这里立起一棵树！"乔治极有可能回答："什么树？是干什么用的？"一位名叫沃特金斯的医生当时也在场，他描述了夏洛特所说的树，并为宫廷工人的孩子们立起了圣诞树。

> 房间中间放了个大桶，里面放着一棵紫杉树。树枝上悬挂着纸包的糖果、杏仁、葡萄干，以及水果和玩具。整棵树都沐浴在小蜡烛发出的光芒之中。所有的人都绕着树走来走去，大为赞赏，之后，每个孩子都得到了几颗糖果和一个玩具。他们兴高采烈地回到了家。

幸好这些孩子没有把衣服凑到蜡烛上去，不然他们就要浑身冒火地回家了。这个主意没能传承下来，直至40年后，维多利亚女王的丈夫（阿尔伯

特——又是一个德国人）在夏洛特那棵孤独的松树旁，立起了另一棵树。阿尔伯特在给父亲的信中写道：

4.a　1871年，一家不幸的报纸抱怨说，圣诞贺卡撑爆了邮局，耽误了重要的商业信件（那时候e-mail还没发明出来）。1873年，报纸上出现了第一个广告："布兰克先生和布兰克太太今年不寄圣诞贺卡，但祝所有的朋友圣诞快乐。"

5.c　据说那个女孩名叫玛德隆。她站在白雪皑皑的山坡上，天使拂去了积雪，露出了一朵美丽的玫瑰。她送给小耶稣的礼物是一朵花——她从大地上扯下了这朵花，并剥夺了花朵的生命！欧洲出产一种圣诞玫瑰，会在冬天开放。

6.b　秉持着真正的圣诞精神，人们为此争吵得不可开交，但在电灯是什么时候使用的问题上还是没有达成一致。有些人说，是拉尔夫·莫里斯在1895年首次使用了电灯。但通用电气公司说他们早在1882年就这么做了。你想要争辩吗？你是想要吃上一记圣诞节"拳头三明治"吗？不管怎么样，选项b最为接近，所以还是闭上嘴，看下一个问题吧。

7.c　第一个落在英国领土上的炸弹是由德国飞艇丢下去的。

8.b　在1841年6月出版的一个故事中提到了爆竹。但在1847年之前，一直没有爆竹的图片。

9.c　蛇纹石游泳俱乐部开创了圣诞节游泳的习俗。为什么呢？也许你乐意试上一试，找出其中的原因——如果你的脑子就像圣诞节的胡桃蛋奶冻一样是堆糊糊，那就行了。

10.a　增刊里有食谱和笑话。但也有人抨击说，圣诞节成了赚钱的借口！一位偏执的名人抱怨道："三四十年前，人们不需要广告的提醒，也知道圣诞节到了。"在150年后的今天，仍旧还有人在说同样的话！

 # 圣诞节之前的骑士

最早在圣诞节讲述的鬼故事是哪个故事?是亚瑟王和他的圆桌骑士的故事。古老的故事相传,圣诞时节,在位于卡米洛特的亚瑟王宫殿里,众骑士和贵妇人们一起陪同亚瑟王在享用盛宴……

"哦哦!高文爵士真是太可爱了!"女仆格里塔叹息道。她的身体很单薄,东风呼啸着穿过城堡的走廊。

"你的口水都淌到圣诞布丁上了!"她的好朋友弗雷达皱起了眉头。弗雷达矮矮胖胖,圆桌又设在熊熊燃烧的火堆前,服务工作让她大汗淋漓。

格里塔用手背擦掉口水,又拿肮脏的袖子蹭了蹭热气腾腾的布丁。

"别人说,高文爵士是全世界最伟大、最优秀的骑士,甚至比加拉哈特爵士、兰斯洛特爵士,以及亚瑟王还要伟大。"

骑士们并不交谈，他们在忙着咀嚼烤天鹅的骨头，撕扯着话梅派，尽情享受着平安夜大餐。他们把骨头扔到地上的灯芯草垫子上面，让毛发蓬松的猎犬啃食。

"好无聊啊，"弗雷达吸了吸鼻子，"这里从来没有发生过什么让人兴奋的事！"

"你可不该这么说！"格里塔抽了口气，"卡米洛特是一座拥有魔力的宫殿。有事情会发生的！尤其是在圣诞时节。"

"什么样的事情？"弗雷达嗤之以鼻。

"神奇的事情。在卡米洛特，任何事情都有可能发生！这个可说不好！"格里塔小声说。

"是卡米洛特——不好！"弗雷达发出了咯咯的笑声。

但是，她刚说完这句话，就有一股冰冷的空气汹涌扑来，吹开了大门。骑士们吓得愣住了，手里还抓满了食物。贵妇人尖叫着大声抱怨，所有人的目光都转向了大门。门外传来了铁蹄踩在石头地板上的咔嗒咔嗒声，一匹绿色的马出现了。马背上坐着一个身材魁梧、穿着绿盔甲的巨人骑士。骑士掀起头盔前面的面具。他的皮肤，他的长发和他蓬乱的胡子都呈现出幽灵般的绿色。他的盔甲外面套着一件镶着毛皮边的宽大上衣。他的一只手握着一束冬青枝，另一只手拎着一把大斧头。

骑士开口说话了，"我是绿骑士！"他咆哮道。猎犬听到他的声音，吓得纷纷四处逃散，躲在了巨大的圆桌下面，圣诞木也迸出了猛烈的火焰。

没人回答，只有弗雷达喃喃地说道："惊喜来了！"

"我要向最勇敢的骑士挑战，玩一场圣诞游戏！"他大笑着说，他的笑声像丧钟一样在房间里隆隆作响。

"什么游戏？"亚瑟王问道。从来没有人听到过这位伟大的国王的口吻是如此软弱。

"砍头的游戏！你最勇敢的骑士和我会砍下对方的脑袋！谁有足够的勇气敢站出来对抗我？"

亚瑟王清了清嗓子，"规则是什么，老兄？"

绿巨人咧嘴一笑,"你的骑士可以先动手。假如我活下来了,那么从今天开始算起,在一年零一天之后,我必定要还以颜色。"

格里塔点点头,"哎呀,就算是我也能赢得这样的战斗!"

弗雷达摇了摇头,"肯定有蹊跷,你就等着瞧吧!"她可太有先见之明了!

英俊的高文爵士移动他英俊的双脚,站了起来,用英俊的声音说,"我接受你的挑战!"

弗雷达叹了口气,"可怜的高文爵士!"

巨大的圆桌很快就被清理干净了。"好了,小伙子们,等我数到三就开始。"亚瑟王命令道。"预备……三。"他冷不防地叫道,加拉哈德(和大头菜共用一个脑子)差点儿吓得跌倒。

绿骑士跳下了马。他跪倒在嘎吱作响的骨头和狗屎中间,把他的斧头递给了高文。"砍吧!"他命令道。

高文往手心了吐了口唾沫——嗯,他的手滑溜溜的,沾满了天鹅油——抓住了这件巨大的绿色武器。巨人骑士低下绿色的头颅,从绿色的脖子上拨开了绿色的头发。高文大叫一声,足以让大家的血液凝固——即使是绿色的血液。"啊啊啊!"他嗖的一下举起斧头,带着风声挥了下去。

"正中目标!"亚瑟叫道。巨大的绿色头颅扑通一声掉落在地板上。鲜血从光秃秃的脖子上喷射出来。但高声欢呼的骑士很快就陷入了沉默,因为他们看到穿着绿色毛皮的尸体没有倒下。

绿色的双臂缓缓地伸了出去,在灯芯草垫子上摸索着,终于找到了掉落在地上的头颅。手臂尽头的双手紧紧抓住两只耳朵,把头颅捡了起来,仔细地放回了脖子上。然后,绿色的嘴唇咧开,露出了让人毛骨悚然的绿色牙齿。

巨人骑士站了起来，轻轻从高文发抖（但还是很英俊）的手中拿回了斧头。"我会回来的。"他说。他骑上马，咔嗒咔嗒地沿着走廊离开了，就像他到来时一样神秘莫测。

弗雷达啃着她的指关节，"我早告诉你事情没这么简单了！"

"是呀，"她瘦弱的朋友赞成地说，"但是在一年零一天里可以发生很多事！"

小格里塔也很有先见之明！第二年，在圣诞节那天，骑士们聚在了拥挤的房间里。看来有一半亚瑟王国的人都集聚一堂，等着看比赛的第二回合。爱管闲事的贵族、叽叽喳喳的农民、瞪大眼睛的主教，以及眯着眼睛的地主让格里塔和弗雷达几乎没法挤到桌子边去。

亚瑟王敲了敲桌子，示意大家安静，他清了清喉咙，"自从我们上一个圣诞节在这里相聚后，我们伟大的高文就没有闲下来过！"

吉娜薇皇后扯了扯丈夫的袖子，"伟大而英俊的高文"，她提醒自己的丈夫。

"嗯哼！那是自然了！高文出发去寻找巨人骑士的巢穴……而且他成功了！"

"他当然会成功的，"格里塔笑嘻嘻地说，"英雄们对这种事情都很在行的！"

"他遇见了绿骑士的妻子！那个女人爱上了他——因为他太优秀了，太英俊了。"

"这样的话，我也没法怪她。"格里塔叹了口气。

"他就跟下一个男人一样英俊——在昏暗的白天被关在黑漆漆的地牢，里面有扇脏兮兮的窗户。"弗雷达表示同意。

亚瑟王继续说道："绿骑士的妻子给了他一条腰带……"

弗雷达咯咯地笑了几声，"在我的男人离家期间，如果有一个陌生的骑士来拜访我，我也会给他一条腰带。用腰带挂在他无耻的耳洞上！"

"嘘！"格里塔让她闭嘴。

"一条绿色的丝制腰带!"亚瑟王解释道,"系着这条腰带,他就不会被杀死!"

"那可真不错。"格里塔露出了微笑。

"是呀。这样我们就不用擦洗血迹了,我敢打赌,这个活儿是我们的。这里的脏活儿都归我们干。"弗雷达轻蔑地说。

就在这时,大门猛地一下打开了,绿骑士骑着他的绿马冲了进来。主教、神父和农民来不及逃开了!他们努力地把身体挤进了石墙间的裂缝里。

巨人开口说话了,他的声音吓坏了猎犬,它们的尾巴在两条后腿间直打战。"一年零一天过去了,"他咆哮道,"来吧,高文爵士!"

年轻的骑士脸色苍白,巨人的脸色碧绿。高文站起来,低下了头。巨人举起斧头,正要挥下去,但高文跃开了。

"这个懦夫!"弗雷达皱了皱眉。

"在上一个平安夜,当你砍下我的脑袋时,我有没有畏缩?"巨人问道。高文摇了摇他忧伤(但还是英俊)的头颅。"那就站着别动!"巨

人的双手动作很快,斧头闪电般地劈向了高文的脖子,就像是一只燕子在追逐蜻蜓。在斧头碰到脖子的那一瞬间,他的动作凝固住了。高文的脖子被划出了一道小小的印子,鲜血喷涌出来。

但高文的伤势并不严重。他好奇地看向了绿骑士,"这就是你的还击!你不能再动手了!"

"没错,"巨人说,"我认为你是一个优秀的骑士,我饶恕你。我派我的妻子跟你搭讪,但你很正直,她没能打动你。不过,你收下了她的礼物,那条腰带——收取已婚妇人的礼物是很不光彩的,对吗?"

"你知道的,他说得没错。"弗雷达点点头。

高文垂下了头，脸涨得通红，"是我错了。在有生之年，我会一直系着那条腰带，用来提醒我要循规蹈矩！"

"所以我划破了你的脖子作为惩罚。从这一秒钟开始，你自由了。祝你度过一个愉快的夜晚，好骑士！"绿骑士放声大笑，骑着马跑出了大门，留下了一路咔嗒咔嗒的马蹄声。

自从绿骑士冲进大门的那一刻起，似乎所有的人都屏住了呼吸。现在大家都长长地吁了口气。叹息声逐渐变成了欢呼声，大厅里的旗帜在欢呼声和大笑声中抖动。

格里塔的脸上绽开了笑容，她从布丁里挖出一个李子，把剩下的传给了欢乐的赴宴者。弗雷达不断地点着头，直到腮帮子也晃荡起来，"这个故事可以讲给你的孙子听——不过还是等到你有了孙子再说吧，格里塔！"

格里塔骄傲地看着她英俊的英雄，灰色的眼睛熠熠生辉。"哦哦哦！是呀，弗雷达！"她兴高采烈地说，"高文爵士和绿骑士！这个圣诞节值得我们永远记住！"

弗雷达也笑了，"远远不止呢！是……是两个圣诞骑士！"

42页《无聊的圣诞颂》答案：

1.a，2.b，5.a，6.b，7.a，10.a，13.b，14.a，15.b，18.b，20.a，21.b，24.a，25.b，27.a（音叫丁㧟树的树）， 28.a，29.b 若干爱的孩子们来到圣诞老人写来的信，信里描述了他在北极的神神昌居有趣、重要上，他是他们的签名是 J.R.R. 托尔金写给他——张老看的小册片。

圣诞节的未来

你终于看完了！这本书里充斥着可怕的事实——这样，你就可以对所有的节日闹剧说上一句："呸！真是鬼话！"就不用费事来感谢我了。当然了，你不需要做什么事来让人们觉得圣诞节很可怕。他们会自己动手的，对不对？

但下面还有两个可怕的事实：

在阅读《绝密的圣诞报告》的过程中，相信你总是手不释卷，如饥似渴地攫取着书里的内容。但真正的圣诞精神是给予。耶稣说过，我们应该和所有不多的人分享我们所拥有的——毕竟，这是他的生日（就算是吧）。

有些人会选择在圣诞节表达友善，向他人提供帮助。在这一年里，也许有家人和朋友被你长期遗忘，那就试试和他们取得联络吧，这样，你就能找出圣诞节最精彩的意义，关于分享与给予的真谛。

毕竟，是圣诞节嘛。

祝你节日快乐。